P81

上：P29　下：P130

TOYO SUISAN
沖縄のしお　シママース使用
東洋の定塩鮭
東洋水産(株)
8 kg

出会いに感謝します
Yes
we
缶
Canned

上：P80　下：P115

P29

蘇るサバ缶

震災と希望と人情商店街

須田泰成

廣済堂出版

はじめに――

手と心を差し出した人々

2011年3月11日。
東日本大震災による大津波は、
宮城県・石巻市の海沿いにあった
木の屋石巻水産の缶詰工場を壊滅させました。

工場跡地に埋まっていたのは、泥にまみれた缶詰でした。
掘り出された缶詰は、震災前からつながりのあった
東京・世田谷の住宅街、経堂の街に運ばれ、
商店街の人々によってピカピカに磨き上げられ、
1缶300円で販売されました。

三陸の海の幸が詰まったその缶詰は、
「希望の缶詰」と呼ばれるようになり、
たくさんの人をつなぎ、
22万缶もが、掘り出され、洗われ、販売され、
工場再建のきっかけとなります。

この物語は、
過酷な震災に直面しながらも希望を忘れなかった人々と、
手と心を差し出した人情商店街の人々がつながった、
リアルな物語です。

もくじ

第1章　100万缶を飲み込んだ津波

第2章　洗って運んで売る心意気

第3章　つながる広がる応援の輪

第4章 工場再建で奇跡の復活

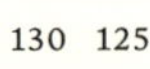

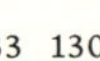

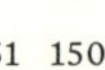

第5章　22万缶に詰まっていた物……

プロローグ——異臭を放つ物体

2011年4月、東京・世田谷区経堂の閑静な住宅街を、異様な雰囲気を発散させながら1台の白いバンが走っていた。車体に点在する光った黒い汚れが重油のようで、バンパーやフェンダーには、べったりと、まるで戦争映画に出てくるジープのように泥が張り付いている。

車は、1軒の飲み屋の前に停車。運転していた青い作業服姿の男性がトランクを開け、鮮魚用の発泡スチロールケースを次々に降ろしていく。

ドスッ、ガチャッ、ドスッ、ガチャッ、ドスッ、ガチャッ。

ケースが着地して周辺に軽い金属音が響き渡ると、それが合図であるかのように店の中からマスクに軍手姿の人が10名ほど飛び出てきた。

ケースに詰まっていたのは、重油と腐った魚が混じったような臭いの、ドス黒い円形の物体だった。

「鼻が曲がりそうです」

「こんな汚れ、洗剤で落ちるんですか？」

みんな、それを洗うために集まっているようだが、怖じ気づいている人もいる。

「まあ、とにかく洗ってみましょう！」

青い作業服の男性だけは明るく、お湯のたっぷり入ったバケツにそれをどんどん放り込んでいく。続いて、防水用の軍手をはめ、洗剤を付けた亀の子タワシでゴシゴシこすりはじめると、みんな、それにならって洗いはじめた。

が、粘っこくへばり付いた黒い泥は、そう簡単には落ちなかった。
2、3分すると、人々の表情に微妙な焦りの色が浮かんできた。
「なかなか手強い……」

「これは普通の泥じゃないですね」

何人かが弱音を吐きはじめた時、作業服の男性が、大きな声をあげた。

「おっ、きましたよ！　そろそろ！」

男性の手元を見ると、黒い物体の金属が見えてきている。

「はい、1つ、洗い終わりました！」

男性が右手で宙にかざすと、それは、青空をバックに美しく輝いた。

ラベルのない金色の缶詰だった。

続いて、「わたしも洗えた！」という声がすると、店頭のあちこちで、「洗えた」「わたしも」と、缶詰が宙にかざされた。

缶詰を持つみんなの表情には、達成感が浮かんでいた。


この缶詰は、２０１１年3月11日の東日本大震災による津波で流された、宮城県石巻市の缶詰工場の跡地から掘り出された物。作業服姿の男性は被災を生き延びた社員で、集まっているのは、地元商店街の人たちだった。

「わー、何か書いてある！」

女性の声が響いた。

彼女が持つ缶詰の裏面には、こんな言葉があった。

「出会いに感謝します」

すべての奇跡は、泥まみれの缶詰を洗うところからはじまった。

出会いに感謝します

第1章

100万缶を飲み込んだ津波

3月11日夜。経堂の酒場に石巻のサバ缶

２０１１年3月11日の東京は、穏やかな青空が広がっていた。少し肌寒さが残るものの、春の訪れは心を開放的にする。休み前の金曜でもあり、ツイッターの画面は、飲み会や花見の話題で楽しげだった。

その日は、私も朝からウキウキしていた。理由は、「さばのゆ」に宮城県石巻市から美味しいサバ缶がたくさん届くからだった。

「さばのゆ」は、東京の世田谷、小田急線・経堂駅前にあるイベント酒場。テレビ、ラジオ、出版などでフリーのライター業を営む私が、落語やライブ、様々なイベントを楽しみながら酒を飲める店として、２００９年6月にオープンした空間だ。

「さばのゆさーん！　荷物ですよー！」

明るい声が響いたので店のドアを開けると、宅急便のおにいさんが段ボール箱6ケースを台車に積んで前にいた。

「いつものサバ缶ですね！」

箱を開けると「金華さば水煮」と書かれた紙巻きラベルの缶詰が詰まっていた。

それは、木の屋石巻水産（以下、木の屋）という社員70名程度の小さな会社のサバ缶だ。三陸・石巻漁港水揚げのブランドサバとして名高い、脂ノリ抜群の金華サバを、港に揚がってすぐの、刺身でも食べられる鮮度のまま手で詰めて作られた物。一切添加物を使わず、旨味がたっぷりで、臭みもなく、実に美味しいサバ缶だった。

金華サバの缶詰が運ばれて来たのには、理由があった。

実は私は、2000年から経堂エリアの個人店を応援する活動「経堂系ドットコム」を運営し、ネットでの情報発信やイベントなどのボランティアをしていた。増税や売り上げの低下に悩む飲食店が多く、2007年、サバ缶による街おこしをスタート。ユニークな事例としてメディアにも取り上げられ、リーマンショック後の2009年には、サバ缶メニューを提供する店が十数店舗に。経堂は、電車に乗ってサバ缶料理を食べに訪れる人もいる「サバ缶の街」となっていたのだ。

新鮮なサバの切り身を缶に詰める従業員たちは、手に持った感覚で正確なグラム数がわかる職人揃い。鯨大和煮に2グラムの生姜を入れ続ける達人も。

ちなみに「さばのゆ」の「さば」は、サバ缶からきている。「ゆ」は、江戸の昔から地域の交流の場だった銭湯の「湯」を意識したもので、美味しいサバ缶を食べながら、集まった人が交流する店でもある。

全国のサバ缶と縁が生まれたが、2010年4月に、缶詰博士としてテレビやイベントの出演も多い黒川勇人さんの紹介で出会った木の屋のサバ缶が、特に味が良かった。

「このサバ缶が浸透すれば、さらに売り上げが伸びる店が増えるはずだ」

そう考えた私は、木の屋のサバ缶をカバンに忍ばせ飲み歩き、いろんな店のオーナーに食べてもらった。すると、メニューに取り入れる店が増えてきた。

焼きとんの「きはち」は、水煮缶の野菜和えにピリ辛味噌を添えた絶品おツマミ。ラーメンの「まことや」は、水煮を炙りチャーシュー代わりにするサバ缶ラーメン。カレーの「ガラムマサラ」は、レッドオニオンやオクラなどと水煮のスパイシー炒め。木の屋のサバ缶メニューは、いろんな店で人気を集め、売り上げアップに貢献した。

さらに木の屋と経堂系ドットコムのコラボも進み、2011年3月には、サバの日（3月8日）の2日前から、経堂の街ぐるみでイベントをスタートさせていた。

イベント名は「さば缶・縁景展」。サバをモチーフにした円形のアート作品の展示を15

店舗で行い、最終日の3月27日に木の屋の木村長努（ながと）社長を招き、表彰式とパーティを開催する予定だった。

この日届いたサバ缶は合計１４４缶あり、まだ味を知らない店に試食してもらうためのサンプルだった。私は、木の屋の営業部、鈴木誠さんに電話をした。

「6ケース、ありがとうございました！　木の屋メニューのお店、じわじわ増えそうな気がします！」

「そうなると、うちも缶詰屋冥利に尽きます。まずは、商品開発部の松友と3月17日に経堂に伺いますので！」

恰幅のいい鈴木さんは、とにかく食べるのが好き。いつも明るく、ユーモアを忘れない名物営業部員。松友倫人（みちひと）さんは、東京海洋大学の大学院出身、知性派のスマートなイケメン。話していると、経堂と石巻がタッグを組む実感が湧き嬉しかった。

そして、今夜もサバ缶を配り歩こうと思いつつ、午後になり、本業の映像制作の仕事の打ち合わせで、コクヨの東京品川オフィスに向かったのだった。

打ち合わせが午後2時半過ぎに終わると、急いで経堂に戻ろうと早足で品川駅に向かい、山手線に乗る。大崎駅に着く直前に減速した電車がゆっくりとホームに差しかかった時、横から突き押されるように大きく揺れた。トラックでも追突したような衝撃だった。揺れは逆からも来て、緊急停車した車体が左右に揺さぶられた。地震発生のアナウンスが流れ、ついに関東大震災が来たかと思った。時刻は午後2時46分。

一度、揺れが収まったあと、電車がホームに入りドアが開く。ホームに降りると、ワンセグ携帯を持ったスーツ姿の中年男性が、テレビの音量を大きくしてくれていた。数名が、彼が掲げるように持つ携帯の画面を眺めていた。まるで街頭テレビのようだった。

地震に関する臨時ニュースがはじまる。アナウンサーが読み上げる情報を聞くと、震源地は宮城沖。画面に現れた地図の真ん中に、木の屋のある石巻がある。

「東京でこんなに揺れているのだから、あちらは、どれほど大変か……」

すぐに鈴木さんの携帯に電話をすると呼び出し音が鳴ったが、留守番電話に切り替わる。とりあえず、「大丈夫ですか？　電話をください」とだけ残して切った。

その後、強い余震があった。駅員に「いつ動くんだ！」と詰め寄る数名のサラリーマンを横目に大崎駅の改札を出る。駅前は騒然としていた。すれ違うバスには運転席脇の降車口にまでギッシリと人が詰まっていた。高層ビルの上から非常階段をつたって続々と人が降りて来る。歩道や広場や公園や路地が、不安げな表情の人の波で急速に埋め尽くされていく。

世田谷に向かう道はまだ比較的空いていて、運良く捕まえたタクシーは午後4時頃、経堂駅に着いた。人だかりを抜けて「さばのゆ」に入ると、すぐにテレビのスイッチを入れると、44型の大画面いっぱいに上空からの光景が映し出された。巨大な津波の濁流が東北の太平洋沿岸の街に襲いかかり、うねりながら、ビルや橋、工場や家など、あらゆる建造物を粉砕し、飲み込んでいた。海のそばの木の屋が無事なわけはない。私は呆然として映像を眺めていた。

その夜の「さばのゆ」は避難所のようだった。8時を過ぎると、都心に勤める常連さんたちが続々と疲れ果てた表情でやって来た。東京駅から、日本橋から、新橋から、歩いて戻ったからだ。小田急線沿いの道は、経堂より遠くの駅に住むおびただしい数の通勤客の行進が、途切れずに続いていた。

結局、その日は朝方まで、常連さんが五月雨式にやって来た。みんな、緊迫したニュースを伝え続けるテレビ画面を見ながら、言葉少なに酒を飲んでいた。

事態は想像を絶する深刻さだった。ＮＨＫは「壊滅的被害」という言葉を使い、深夜2時になると、死亡が確認された人の名前を放送しはじめた。知っている名前が出てくるのではと不安になってテレビを消した。木の屋の人たちが生きていると信じたかったのだ。

誰かが思い出したように「石巻のサバ缶、ちょうだい」と注文した。他の人たちもつられてサバ缶を頼む。パカッ、パカッ、と缶詰を開ける音が店内に響き渡り、木の屋のサバ缶をツマミに酒を飲みはじめた。

歴史的大津波が工場と１００万個の缶詰を飲み込んだ

２０１１年3月11日。宮城県石巻市は、暦の上では春とはいえ、まだまだ寒かった。天気は曇り。早朝の気温は、氷点下だった。

天候は冷えていたが、木の屋の社内は活気と温かい笑顔に満ちあふれていた。それまでの数年間は、リーマンショックのダメージや若い世代中心の魚離れなどもあり、水産物加工業界にとって厳しい時代が続いていたが、木の屋は、時代に逆行するかのように年々売り上げを伸ばしていた。その理由は、遡ること13年前の1998年、生き残りを図るために採用したフレッシュパック製法だった。

それは、漁港で獲れた新鮮な魚を、刺身でも食べられる鮮度のまま缶詰にする製法。世界三大漁場の1つと呼ばれる、豊かな三陸の海の魚のクォリティが高いこともあり、木の屋の缶詰は、スーパーで売られている缶詰とはレベルが違うと、2009年頃からグルメ雑誌などでも評判になった。サバを筆頭に、イワシ、サンマなどの缶詰がヒット商品となり、順調に売り上げを伸ばしていた。その勢いは国内に留まらず、2010年には、海外にも視野を広げ、中国の富裕層をターゲットにしたPRと販路の拡大にも着手していた。

世の中の健康志向もフレッシュパック製法による缶詰が人気の理由だった。なにしろ原材料名表示がシンプル。「金華さば水煮」缶は「サバ、食塩」のみ。「金華さば味噌煮」缶は「サバ、味噌、砂糖、でん粉、食塩」のみ。ちなみに味噌は、地元のこだわり白味噌で、粗糖は喜界島産を使用。添加物を使わず、良質な素材をそのまま詰めた物とわかる。

前日の3月10日、木の屋の名前が一気に全国区になると期待させるニュースが飛び込んで来ていた。「笑点」にも出演の人気落語家・春風亭昇太さんが、あるテレビ番組にゲスト出演をした際、木の屋の缶詰をスタジオに持ち込み、その魅力を語ったという情報だった。実は昇太さんは、芸能界きっての缶詰好きで、あらゆる地方の缶詰に詳しいのだ。

売り上げを伸ばしているとはいえ、木の屋の知名度は、大手メーカーに比べると足元にも及ばない。だからこそ、全国区のテレビ番組で人気者に紹介してもらえるチャンスは大きく、社内の温度は上がっていた。

「なんだかスゴイことになってきました！　正直に美味しい物を作っていると、いいことがあるんですねー！」電話口で私にそう言った鈴木さんの声を覚えている。

が、そんな日の翌日、午後2時46分。突然、木の屋の本社と工場を、かつて経験したことのない揺れが襲う。最初は、下から突き上げるような縦揺れ。すぐにものすごい横揺れへと変わった。誰も立っていることができず、柱や壁がきしみ、時計が止まる。

鈴木さんは、大阪の社員2名と打ち合わせをしていた。商品開発の松友さんは、中国の研修生たちと一緒にいた。

「全社員、すぐに高台に避難するように！　ここからだと牧山が近い！」

木村社長の声が響き、すぐに社員は仕事を置いて避難体制に入る。

作家・吉村昭の『三陸海岸大津波』（文春文庫）などに詳しいが、三陸地方には、昔から津波の悲惨な歴史があり、近代以降も、明治29年、昭和8年、35年と、大津波に襲われ多大な犠牲者を出している。

社員たちが各々、通勤用の車に乗り発車した。が、木の屋の本社と工場があった石巻市の魚町地区は、漁港に隣接し水産加工会社が建ち並ぶ、昼間人口の多い地域だったため、道路は見渡す限り車でいっぱいの大渋滞となった。

揺れから17分後に大津波警報が一帯に鳴り響くと、避難する人々の表情に大きな不安の色が浮かびはじめた。そして、車は思ったように動かない。

松友さんは、たまたま空いている裏道に入ることができ、中国の研修生たちを乗せて、社長が指示した牧山にたどり着いた。市民公園もある憩いの場である。

大阪の社員2名を車に乗せた鈴木さんは、渋滞に捕まったため、車を乗り捨て、歩いて避難することにした。たまたま、牧山に向かう途中にある湊中学の校庭前に差しかかった時に、普段は閉鎖されている校庭の裏門が開き、先生が「今から避難所にしますので！」と叫ぶのを見て、ここに避難することに決めた。

3時半頃になると、雪が降りはじめた。少しずつ学校前の渋滞も解消され、大津波警報が鳴り響く中ではあったが、少しほっとした空気が漂い、鈴木さんは誘導を続けながら、「本当に津波が来るのだろうか？」と思っていた。しかし、3時40分過ぎ、海のほうからおじいさんが自転車で必死に湊中学に向かって走ってくるのが見えた。

「津波来てる！　早く逃げろ！」おじいさんは大声で叫んでいた。

海の方向を見ると、土煙りと共にカラスが一斉に飛び立つのが見えた。「ヤバイ！」と直感した鈴木さんの頭には、スマトラ沖地震の津波の映像があり、とにかく恐ろしく、急いで校舎に向かった。

階段を駆け上がり4階に着き教室に入ると、窓の外に信じられない光景が広がっていた。黒い巨大な帯状のうねりが、水煙りを立て轟音を伴いながら陸地に向かって迫り来るのが見える。信じられない大きさの津波は、石巻沿岸の堤防を乗り越え、さらに旧・北上川を逆流して、市街地に襲いかかった。上陸すると、あらゆる物を粉砕し、凶暴な勢力を増していく。

湊中学は、あっという間に2階まで浸水し、3、4階部分を残す陸の孤島となった。周囲をすべて包囲する津波の勢いは止まらない。濁流が街じゅうを粉々のガレキにして飲み

津波が１階を貫通した家も多かった。長靴が流されたため、靴の上からビニールを巻く人もいた。工場跡地で拾った缶詰を食べて命をつないだ家族も少なくない。

缶詰などを販売していた直営のショップも全壊。想像を絶する津波のパワーは、200トンの魚油が入った高さ約10mの巨大タンクを300mも流した。

込んでゆく。車や屋根などが校舎に激突するたびに激震が走った。

日が暮れると、学校は闇に包まれた。海沿いの門脇地区などで漏れたガソリンに引火した火災が発生していて、遠目にも、赤い炎がガレキの上を這う様子は底知れぬ不気味さだった。気温は0℃近くに下がり、さらに朝方には氷点下になるという。

そこに、別行動だった事務の女性たちも合流して無事を確認し合った。それから、他の避難者と一緒に、寒さと、余震の恐怖と戦いながら朝を待った。火災の恐怖からストーブを使えず、毛布もないため、カーテンを外し、みんなでくるまって寒さをしのいだ。

避難所の3日間の食事は合計ビスケット3枚

翌3月12日。湊中学で眠れぬ夜を過ごした鈴木さんは、明るくなってすぐ、校舎屋上に上り石巻の街を見渡した。晴天の下、眼前に広がる光景に言葉を失った。自分が働き暮らした石巻の街は、日和山などの高台といくつかの頑丈な建物を除くと、すべてが海の底に消え去ったかに見えた。地表は、大小様々なガレキで覆われており、船や車もあちこちに投げ捨てられるように転がっている。あちこちで発生した火事のせいで、頭が痛くなる焦げた臭いがあたりに漂っていた。

「うちの工場は、どうだろう？」

残っていた日和大橋の位置が確認できると、その左手奥にあるはずの木の屋の本社と工場の位置の見当がついてきた。だいたいそのあたりという場所をよく見ると、ほとんど原型はとどめていないが、倉庫の壁と屋根らしき物が残っているのがわかった。工場は、3階建てのはずだが、地面に押し潰されているように見えた。さらにものすごかったのが、もともと木の屋石巻水産のシンボル的な建造物で、事務所前にあった鯨大和煮缶の形をした魚油タンクが、県道240号線まで、約300ｍも流されていたことだった。魚油タンクは、高さ約10ｍ、当日は200トンの魚油が入っていたにもかかわらずだ。

「あんなに重い物体が、あそこまで流されるとは！」

鈴木さんは、底知れない無力感にため息をつくのがやっとだった。他の社員が無事かも不明だった。そして、避難している人たちが次々と目を覚ましはじめた。

大津波警報が解除されていないため、400人ほどの避難者は、中学校の4階部分に詰め込まれていた。面積に比べて人数が多過ぎ、ギューギュー詰めの状態。お年寄りや乳幼児など身体の弱い者も多かった。お腹を空かせた赤ん坊があちこちで鳴きはじめた。

そして、湊中学は、石巻市の「避難所」ではなく「待避所」の扱いとなっていて、備蓄食料にも限りがあり、残った物をお年寄りや乳幼児優先で配ると到底、足りるものではなかった。避難してから十数時間、大人も飲まず食わず、あまりにも喉が乾き、窓の結露を指でぬぐって口に入れる人もいた。

夕方、海上自衛隊のヘリコプターが来て、急病人とケガ人の救助を行ったので、メモにて「食料・水・毛布が欲しい」と伝えた。日が暮れると空腹も寒さも限界に近くなったが、夜、護衛艦「たかなみ」のサーチライトが海から陸に向けて照らされた。「ちゃんと救助は近くまで来ているぞ!」というメッセージに思えて、心強く、もう一晩を乗り越えることができた。

3月13日には、近隣住宅の屋根や2階にいた人たちが加わり、避難者の人数は500人に増えていた。

大津波警報が解除されていて、先生たちと相談の上、「コンビニに行ってみるか?」となり、食糧調達に出かけた。元気に動ける男たちの有志十数名が、津波で破壊し尽くされた1階を抜けて、校庭のガレキをかき分けながら校門を出た。コンビニは海の方角に300mほど行ったところにあった。ミッションは、水と食料調達だった。

途中の道路はガレキのジャングルで、あちこちで建物の残骸に乗用車やトラックが突っ込んでいた。バラバラになった住宅の柱や壁からは釘が飛び出ていたり、割れたガラスや金属片が散乱していて実に危険。ようやくたどり着いたコンビニは、道路に面した窓ガラスの半分くらいが砕け散っていた。中に入ると、かなりの量の商品が流出していたが、泥まみれながら、ミネラルウォーターやソフトドリンクのペットボトルが残っていた。たまたま店員さんが見に来ていたので、許可を得てお礼を述べ、避難所に持ち帰った。

また、避難所から100mのところには、木の屋の缶詰を納めている取引先の倉庫があった。そこでは、木の屋の缶詰、お茶、乾物などを確保できた。

食料や飲料を持ち帰ると、待っていた人たちの顔が少し明るくなった。乳幼児やお年寄りに優先的に配るとすぐになくなったが、「弱い人のために分けることを自然にできる石巻の人たちはすごい」と鈴木さんは思った。

しかし、コンビニ1軒と倉庫から得た飲料と食料は、必要な量に対してあまりにも少な過ぎた。持ち帰った物を1人当たりにすれば微々たる量であり、また、乳幼児、子ども、お年寄り、妊婦などを優先すると、元気な大人に回ってくる量は知れている。結局、震災の翌日から3日間で鈴木さんが口にした食料は、合計でビスケット3枚だけだった。

「もうあの缶詰が食べられないのか」経堂は哀しみに包まれた

3月12日の経堂は、晴天。気温は前日よりも上がり、また一歩、春に近づいていた。しかし、天候とはうらはらに、心は寒い朝だった。

鈴木さんと松友さんの携帯は、つながらなかった。朝から、新聞各紙は未曾有の震災の被害をセンセーショナルな見出しと写真で伝え、テレビ各局は各地の甚大な被害の映像を流し続けた。犠牲者の数は時間を追うごとに増えていく。

そんな絶望的な状況の中、微かな希望も見えはじめていた。宮城県南三陸町、亘理町、岩沼市などでは、孤立した住民が救助を求める様子がテレビで中継された。南三陸町では、学校の校庭にあった大きな白い「ＳＯＳ」の文字に自衛隊のヘリが気づき、特養老人ホームからお年寄りが救出された。そんな映像を見ていると、木の屋の人たちもどこかで、避難して助けを待っているのでは、という気がしてきた。

テレビを点けながら、被災者の安否確認のサービス、グーグルの「パーソンファインダー」を使って、鈴木さんと松友さんに関する情報を探しまくった。ツイッター上に石巻の情報があふれかえっていた。魚町の近くだと、湊小学校か湊中学校、そして、ヨークベニマルに避難した人がいるらしいと推測できた。

午前11時過ぎ、ＴＢＳの中継に映った避難所の中には、ハッとさせられた。木の屋のみなさんも、同じような状況に置かれているのではと思ったからだ。アナウンサーが「必要な物資は何ですか？」と、被災者に質問するのを見た時、みんなの居場所が確認できたら、すぐ支援物資を送らなければいけないと思った。ショックを受けている場合ではない。

気がつけば昼になっていた。空腹を感じ、頭に浮かんだのは、近所の経堂西通り商店会にあるラーメン店「まことや」のサバ缶ラーメンだった。木の屋石巻水産の「金華さば水煮」缶のサバをチャーシュー代わりに使ったラーメンで、震災の前から経堂の人々に親しまれていた定番の木の屋メニュー。子牛のフォンドボーを煮込んだ同店のベースのスープに、サバ節の出汁を合わせた特製スープでコシのある細麺。そこに表面を炙った香り高いサバがトッピングされ、白髪ネギと針ショウガが添えられる。これが、たまらなく美味なのだ。

「まことや」に入り、サバ缶ラーメンを注文すると、店主の北井さんが、いつもの無駄のない見事な動きでラーメンを作り、目の前に丼をポンと置いた。サバ缶ラーメンは、いつもと変わらず絶品。食べ進めるにつれ、炙り金華サバの旨味がスープに溶け出し、麺とスープの味わいが深く濃くなる。スープを吸った金華サバは、舌先に乗ると身がホロホロほどけ、高級バターのような天然の脂の滋味が口じゅうに広がる。

「やっぱり旨い！」「ありがとうございます。ところで、木の屋さん、どうですか？」と、北井さんが心配そうに尋ねてきた。

「調べてるんですけど、なかなか決定的な情報がなくて……」「昨日来たお客さんが、もうサバ缶ラーメンは食べられなくなりますか？　って聞くんです。オレ、うまく答えられなくて。うちの在庫が1ケースと少しだから、あと30杯くらいで終わっちゃいますね」

経堂ピープルに親しまれたサバ缶ラーメンが、あと30杯で終わるかもしれない。そう考えると悲しさがこみ上げてきた。何もできない自分が情けなかった。できることといえば、残ったスープを残さず飲み干すことだけ。スープは、いつもよりしょっぱかった。

午後も木の屋の人たちの消息を調べたが、手がかりはなく、テレビは、無事に救出された人と関係者の喜びを伝えると同時に、増え続ける犠牲者の数も積み上げていった。

夜は、「さばのゆ」の閉店後、カレーの「ガラムマサラ」に行った。スパイシーなサバ缶料理は、いつもの美味しさだったが、オーナーシェフのハサンさんと話になったのは、木の屋のみなさんの安否と、このサバ缶が近く食べられなくなるかもしれないということだった。

その後、「ガラムマサラ」の隣、焼きとん名店「きはち」に流れた。サバ缶のツマミは最高の酒の友。日本酒は、木の屋とのイベント期間中ということで置いていた石巻の日本酒「墨廼江」を冷やで飲むことにした。

カウンターの隣にいた常連の大久保さんを見ると、彼もサバ缶をツマミに「墨廼江」の冷やを飲っている。カウンター内に立つ店主の八十島秀樹さん、奥さんの恵理さん、息子の翔くんも交えて、「この旨い缶詰が、もう食べられなくなるのか……」と、しみじみ語り合いながら、震災2日目の経堂の夜がふけていった。

生きていた営業マン！5日目に聞けた無事の声

阪神淡路大震災の時、兵庫県芦屋市にあった私の実家は、半壊して住めなくなった。家族は屋外に逃れることができ、着の身着のまま西宮北口駅まで数時間かけて歩き、電車に乗り、大阪に避難できた。が、周辺の被害はひどく、かなりの数の人がケガをしたり亡くなったりした。

当時、知った言葉が「72時間の壁」。これは、災害における人命救助の用語で、災害で倒壊したビルや家屋などに閉じ込められた人を救助する際、発生から72時間が経過すると、脱水症状や低体温症などにより、生存率が急激に低下するということ。東日本大震災でも、発生から2日ほど経つと、メディアでは「72時間の壁」が語られはじめた。72時間は丸3日。つまりは、3月14日の午後3時あたりに安否を分ける壁があるということだった。

被災地の惨状に呆然とするうちに、気がつけば「72時間の壁」を越え、4日目の3月15

日になっていた。が、しかし、依然として木の屋社員の無事を伝える報告は届いていなかった。この頃になると、じりじり焦る気持ちが強まってきた。グーグルのパーソンファインダーの画面を見ていると、松友さんの妹さんが「兄の情報を求む」と書き込んでいたので、私も「情報が入ったら共有しましょう」とコメントした。SNSの画面を開けると、「さばのゆ」の常連さんや経堂の人たちから「木の屋さん大丈夫でしたか？」というメールがたくさん届いていた。それらに対して「了解です」とか「お知らせしますね」など返信しながら、どんどん気が重くなっていた。

その夜、お店は休みだった。家に帰っても震災報道を見てしまうだろうし、気分を変えたくて、駒沢にバーを共同経営していた松尾貴史さんと飲むことにした。

私は、2010年7月、松尾さんを鈴木さんに紹介。松尾さんは、当時、私がもう1軒経営していた下北沢のイベントカフェ「スローコメディファクトリー」（通称スロコメ）の隣に、カレーのお店「パンニャ」を出していて、木の屋製造の鯨カレー缶の監修をすることになった。その缶詰は、私がプロデュースを担当して、2011年2月に5000缶が製造され、スパイシー鯨術（げいじゅつ）カレーという名前で売り出されることになっていた。

カレー缶詰のパッケージは、2月に開催した、経堂エリアゆかりのアーティストが参加するコンペによって、いたばしともこさんの作品に決まっていた。しかし、津波の被害を考えると、すべて流されてしまっただろう。幸い、3月初旬に400缶ほどを送ってもらっていたので、それだけはストックとなった。

飲んでいると突然、私の携帯電話が鳴った。発信元は知らない番号だった。電話に出ると聞き慣れた声。

「いやー、どうもどうも！」鈴木さんだった。

「鈴木さん！　鈴木さん！」

「ご連絡遅くなってスミマセンでした。今日やっと自衛隊にヘリコプターで助けられて石巻市総合運動公園に来ました。今、NTTが設置した無料の公衆電話からかけています」

「良かったー！　みなさんも無事ですか？」

「はい！　社長も副社長も松友も無事です。あっ、スミマセン！　うしろに並んでいる人がいっぱいいるので切りますが、実は、明後日東京に行くので、経堂に伺います！」

震災発生から約100時間が経っていた。張り詰めていた緊張の糸が一瞬でほどけ、目の奥が熱くなっている。明後日には会えるとわかり嬉しかった。私はその夜、経堂じゅうの店を回って鈴木さんの無事を伝えた。店の人たちも常連さんも大喜びだった。

帰って来た木の屋社員！サバ缶ラーメン、昇太さんと涙の再会

3月17日の夜9時頃、鈴木さんと松友さんが経堂に到着。まずはと、「さばのゆ」に顔を出してくれた。

「ご心配おかけしましたー！」と入って来た2人の声は、ハリがあり元気そうで笑顔だったが、よく見ると目元は明らかに睡眠不足が現れ、顔色は悪く疲れていた。「あー、良かった！良かった！」私は、カウンターから飛び出て2人と握手した。その場にいた常連さんも口々に喜びの声をあげながら、堅い握手やハグを。

2人が、自衛隊に救出されてからたった2日後に東京にやって来たのには理由があった。

一緒に被災した韓国の水産加工会社の社長、文さんを母国に送るためだった。

「仙台空港も東北道も使えなかったので、木村副社長の次男の奥さんの実家が秋田なのですが、そこの車で避難所に迎えに来て頂きました。湯沢市の実家からはタクシーで秋田空港へ。満席に近い状況でしたが何とか席を確保して羽田へ。そこから中国に戻って頂きました」

松友さんと避難した中国人研修生たちは、波が引いてから山を下りて社宅で過ごし、その後、中国手配のバスで新潟に移動してフェリーで帰国したという。

話を聞いていると、木の屋が律儀な会社だとあらためて感じると共に、外国人の被災者も少なくないことに思いが至った。東北に暮らす家族や友人を持つ外国の人たちは、今回の震災のニュースにどんなに驚き、どれほど不安な時間を過ごしただろうか。ちなみに文さんは、韓国で「最大の被災地・石巻に1人取り残されている!」と大きなニュースになっていて、帰国後、大変な数の取材を受けたという。

社員のみなさんの安否の状況を聞くうちに、1人亡くなられたという悲しい事実を知った。大津波警報が鳴り響き、「山に向かって逃げよう」という時に、どうしても自宅に一度戻りたいということで、それが最期の別れになってしまったという。

被災後の様子を聞いていると、鈴木さんが持ち前のユーモアを発揮しはじめた。

「避難所は、本当にないない尽くしで、近くのコンビニから食料を調達したりしたんですが、全然足りなくて、私に配られた食料が、ビスケット3枚だったんですよ。なのに、救助されてすぐ体重計に乗ったら、全然やせてないんです」

店内に笑いが響き渡る。私もつられて笑う。そしてこの、「やせなかった」エピソードは、その後、鈴木さんの鉄板ネタになっていく。

話をしたあとに大切なことを思い出した。鈴木さんが電話で「まことやさんのサバ缶ラーメンが食べたい！」と言っていたことだった。2人ともお腹がペコペコに違いない。「まことやさんに行きませんか？」と尋ねると、「絶対に行きます！」と、元気な声が。絶対という言葉が面白く、またみんなが大きな声で笑った。それにしても、被災地から東京に来たばかりで、相当に疲れているはずの時にもユーモアを忘れず場を和ませる鈴木さんはすごいと思った。

「まことや」に2人を連れて行くと、店主の北井さんが満面の笑みを見せた。

「いらっしゃいませー！　石巻のサバ缶ラーメンありますよ！」

こちらもユーモア全開。2人とも特別に大盛りを注文。でき上がったラーメンを黙々と食べる。瞳を閉じながらスープをすすり、うっとりしながら麺を食べている。瞳を輝かせながら炙ったサバの身を舌に乗せていく。

「ごちそうさまでしたー！　やっぱりうちのサバ缶は旨い！」と鈴木さん。「ですよねー！　うちの製品をこんなに美味しくしていただいてありがたいです」と松友さん。するとそこに春風亭昇太さんが現れた。

「わー、何してんの？　こんなところで！　無事だったんだ！　良かったっー！」

突然のことに、2人も、私も北井さんも驚いた。昇太さんが出演して、木の屋の缶詰を紹介したテレビ番組は、震災の津波で木の屋が流されてしまったため、4月予定だったオンエアがなくなってしまったのだった。

昇太さんは2人と堅い握手を交わし、こう言った。

「生きてて良かった！　生きてれば、必ず何とかなるんだから！」

4人の目に涙が光った。

震災から6日後、生きていた社員が経堂に。石巻のサバ缶ラーメンに涙。そこに偶然、以前からつながりのあった春風亭昇太さんが現れた。

泥まみれの缶詰がつないだ震災直後の命と希望

「いやー、湊中学などの避難所には、決定的に物がないんですよ。それを早急にどうにかしたいと思いまして」

再会を果たした鈴木さんと松友さんから聞いた石巻の現状は、想像を絶する厳しさだった。東北の3月は寒く、深夜から朝方にかけて気温が零下となるにもかかわらず、毛布やストーブなどが足りない。さらに、セーターやコートなどの上着だけでなく下着も足りない。トイレットペーパー、ティッシュ、石鹸、洗剤、生理用品、紙オムツ、ミルク、ストーブ、懐中電灯、乾電池などの日用品も、もちろん食品も不足していた。

ガスや電気が使えないためカセットコンロが必要だったが、絶対数が不足していた。食料は、自衛隊が差し入れる、おにぎり、缶詰、レトルト食品、カンパンなどがあるが、分けるとすぐになくなってしまう。1日の食事が、ビスケット1、2枚という危機こそ脱したが、状況は深刻。外部の支援が早急に必要ということだった。

しかし、そんな状況下でも、ふとした笑いや喜びもあるらしい。石巻は、水産加工業を中心に食品関係の工場が多く、漁港近くには冷凍倉庫も集まっていた。そのため、避難所の人たちがガレキをくぐり食料を探して歩いていると、思わぬラッキーな掘り出し物に巡りあうことがあるという。

「満潮の時、津波にやられて低くなったところに海の水が流れ込んで来るんですけど、冷凍のサーモンが入った発泡スチロールのパックがプカプカ浮いているのを発見した人がいて、なんとか拾って持ち帰ったら、ちょうど食べ頃のルイベ状態だったそうです」

「あと、これまた発泡スチロールに入ったA5ランクの松坂牛が入っていて、なんだかツイてるなあという話をしたり。やっぱり、美味しい物を食べると、みんな元気になりますよね！」

もともと明るい性格の鈴木さんの話は面白く、聞いていると、震災からまだ5日目だということを忘れそうになった。少し前に昇太さんが口にした「生きてれば、必ず何とかなるんだから！」という言葉がリアルに蘇る。

その時だった。「あっ、大切なことを言い忘れてました！」と、突然、鈴木さんが大声をあげた。

「港のほうに食料を探しに行った人が、ラベルのない缶詰がいくつも落ちているのを発見して持ち帰ってきたら、弊社の缶詰でした。津波の衝撃で缶の外側が凹んでる物もありましたが、開けてみたら中味は大丈夫。サバ缶やサンマ缶、あとイワシ缶、鯨の大和煮もあり、食べるとやっぱり旨いんですね、これが！」

大盛りラーメンを完食した直後にもかかわらず、舌なめずりのジェスチャーをしながら熱く語っている。この人の食いしん坊パワーは本物だとあらためて思った。

もう食べられないと思っていた缶詰が、津波でも壊れることなく、開けてみると中身は無事で、美味しく食べることができるという。さらに、その流された缶詰を拾って食べて命をつないでいる人がいる。「もう、この味が食べられない」と悲嘆にくれる経堂の住人としては、つかの間、心の温まる話題だった。

しかし、感傷に浸っている時間はなかった。鈴木さんと松友さんは、ラーメンを食べたあと1時間ほど話すと、「明日も早く起きて、支援物資の手配などの準備があるので、そろそろ」とのことだった。これからどうなるのかまったく想像がつかなかったが、こちらも「とりあえず、やれることがあったら何でもしますから」としか言えなかった。しかし、嬉しいのは、これからは携帯電話で連絡がつくことだった。

「連絡を取り合って、できることからやっていきましょう！」私たちはそう言い合って、経堂駅前で別れた。

チャリティ落語会を開催！集まる義援金と支援物資

「とにかく早く、必要な物資を届けるシステムを作らなければ！」

経堂で再会した鈴木さんは実家の千葉に、松友さんは東京・阿佐谷の祖父の家に、それぞれ戻った。食料や日用品が欠乏し、電気もガスも水道もない石巻の避難所に支援物資を送る準備をするためだった。

震災発生から1週間後の3月18日は、当時の発表で確認された死者が5000人を超えた日で、宮城県はもっとも多い3158人。その中で最大の被害人数を出しているのが石巻だった。3月も後半に入ったにもかかわらず真冬並みの寒さが続き、避難所では高齢者と子どもを中心に風邪が蔓延していた。

しかし、過酷な状況の中、復興に向けての動きも力強くはじまっていた。東北地方の物流のハブである仙台港に、食料や燃料などの支援物資が続々と届き、津波に飲み込まれた仙台空港も利用が再開された。各地の避難所に物資をスムーズに運ぶための幹線道の復旧も急ピッチで進められていた。

石巻の市街地では、水没していた地域の水が引いてきた。津波で本社と工場を流されてしまった木の屋だが、牧山の麓に6階建ての水産ビルを所有しており、2階から上は無事だった。このあたりは、石巻漁港からは2㎞ほど、旧・北上川からは500mほどの距離。水産ビルの近くに、木村社長と、弟の木村隆之副社長の自宅と社員寮があったが、2人の自宅は、1階は津波が突き抜け、乗用車が数台、家の敷地内に突っ込んでいた。社員寮は、1階は天井まで津波が来たが、2階から上は何とか無事で、社長、副社長一家と残りの社員たちが、避難所さながらに寝起きをしている状況だった。

私は、経堂の街として何ができるかを考えた。鈴木さんに電話で相談して、まずは、木の屋のみなさんが避難する地域に支援物資や義援金を送る準備をすることにした。というのも、首都圏と東北をつなぐ大動脈である東北道が1週間ほどで全面再開するという情報が入っていたからだ。復興は絶対に長丁場になると思われた。一時的ではなく、数ヶ月、もしかすると数年間の継続的な活動を行うために、次の5つの要素を軸に支援活動を行うことにした。

①必要な物資を現地の人に聞いてリサーチする。
②物資のリストをまとめ、ブログやSNSで発信、寄付を募る。
③「さばのゆ」を物資の集積所とする。
④物資の輸送に必要な車輌費、ガソリン代、人件費などの寄付を募る。
⑤「さばのゆ」で行うイベントの収益の一部を物資の購入や輸送費に充てる。

できるだけ早く支援物資の輸送をはじめたい。そう考えて、被災地で必要とされる物が何なのか、現地情報を受けてリストの作成をはじめた。やはり、平穏な東京の感覚だと思いつかない意外な物が必要とされていた。その1つにガソリンの携行缶があった。

今回の震災が阪神淡路大震災と決定的に異なるのは、東北の被災地域の広大さだった。もともと車社会であり、主要な鉄路や駅の多くが破壊されてしまったため、移動や支援物資の輸送の頼みの綱は何といっても車。にもかかわらず、営業不可能となったガソリンスタンドが多かった。被災エリアに暮らす人たちは、備蓄用のガソリンを確保しておく必要があったのだ。その他、簡単に食べられて保存の利く食品、トイレットペーパーやおしめなどの衛生用品、暖かい衣服、スリッパなどがリストに上がった。

そのリストを近所のお店のカウンターで店主に伝えたり、ブログやSNSで発信すると、すぐに物資が集まりはじめた。ガソリンの携行缶は難しいと思っていたら、常連の大久保さんが都内を探し回って、ようやく見つけた携行缶を持って来てくれた。震災直前に打ち合わせをしていたコクヨの黒田さんは、学生時代にボートのお店でアルバイト経験があり、西宮のヨットハーバー周辺から小型船舶用の携行缶を5つほど送ってくれた。

必要な物資のリストをクチコミとネットで拡散すると、毎日、近所の経堂の人々がどんどん物資を運んで来てくれた。みんな口々に「何か必要なものがあったら何でも言ってね!」と帰っていく。「さばのゆ」で支援物資を受け付けはじめたことは、2、3日で経堂じゅうに広がっていることが実感できた。駅前や商店街を歩いていると、30秒歩けば誰かに声をかけられるのだ。「うちにレトルトがたくさんあるから取りに来て」とか、「明日、赤ちゃん用のおしめ、たくさん持っていくから」とか。ある居酒屋の女将さんは、いきなり近づいて来て、私のジャケットのポケットに手を突っ込み、「とっといて！」と走り去った。確認するとポチ袋に1万円が入っていた。

経堂は、高級住宅地と言われる世田谷にあるにもかかわらず、まるで人情長屋が建ち並ぶ下町のようだと、あらためて思った。

経堂は落語長屋の人情と助け合い、シェアリングの街

経堂から石巻に支援物資や義援金をコンスタントに送るシステムの構築は、1週間ほどででき上がった。構築と言っても、私が十数店舗の顔なじみの店に必要な物資のリストを持ってうかがい、事情を話すというアナログな作業の積み重ねなのだが……。

お店の人たちのリアクションは驚くほどスピーディで、ほとんどの店から「了解！うちのお客さんに声かけて、どんどん集めるから！」というノリがいい頼もしい返事が。そしてみなさん、本当にどんどんリクエスト通りの物資を自転車や台車で持って来てくれた。

東北道が開通したら第一弾として送る物資は、あっという間に、素人目にもわかる、トラックが必要な分量となり、「さばのゆ」の店先と中の壁際は物資で埋め尽くされた。経堂という街の個人店と、そこに集うお客さんのつながり、ネットワークの力は予想以上に強いと実感させられた。

義援金もどんどん集まって来ていたが、支援が長丁場になることを考えると、細く長く義援金を確保する仕組みを作らねばとも考えた。ちょうど、3月23、24、25日の夜、「さばのゆ」のイベントは、上方落語のホープ桂吉坊さんの落語会だった。東京の落語会に出はじめて2、3年だった彼の落語会は、前年の2010年7月から月に3回行われ、毎回大入りだった。木戸銭2500円。その3割をチャリティにと考えた。吉坊さんに相談すると、「お役に立てるなら!」と快諾してくれた。

落語を聴くことが支援につながると知った経堂の店の人たちは、それまでよりも熱心に吉坊さんの会の宣伝をお客さんにしてくれた。その後、吉坊さんを中心とした『さばのゆ」落語会のチャリティは、年末までの10ヶ月間続けて、50万円近い額になった。

事故や災害、あるいは旅先などの非日常時になると、人間は「地」が出るというか、本来の持って生まれた性格があらわになると言われるが、地域もそれと同じだと思った。災

チケット代金の3割が物資の輸送費に充てられた桂吉坊さんのチャリティ落語会と、カウンターが賑わう「さばのゆ」店内。支援の要は、酒場のつながりだった。

害をきっかけに住人同士の仲や治安が悪くなる地域もあれば、結束が強まる地域もある。経堂の場合は完全な後者で、仲のいい商店街の個人店は、みごとに助け合いモードになった。まるで、落語の長屋のような人情の街、被災地の惨状を見聞きしていると、いても立ってもいられなくなる人が多かったのだ。

実は、落語の長屋のような街というのは、私が経堂にハマった理由でもあった。

私が、経堂エリアの個人店の応援サイト「経堂系ドットコム」を設立したきっかけは、1997年の消費税増税後に売り上げが減り、閉店危機に陥った行きつけのラーメン店「からから亭」の経営を立て直すイベントだった。

そのお店は、とても魅力の深い場所で、様々な人が集まっていた。通いはじめたのは1997年の秋。当時私は20代後半で、コントを中心とした放送台本、子ども番組の脚本、書籍や雑誌などのライター仕事などで忙しく、1日じゅうワープロに向かい他人と話すことのない日が多かった。なので、夜、仕事が早く終わると、経堂の家族経営の飲食店のカウンターで食事をしながら飲み、店のおやじさん、おかみさん、地域のいろんな人たちとふれあうのが楽しかったのだ。

中でも「からから亭」は特別な店だった。下町は東向島出身のマスター、栃木要三さんは、1979年から89年まで、柳家小さん、柳家小三治、桂歌丸、春風亭小朝など、大御所、人気者が多数出演した伝説の地域寄席「経堂落語会」の代表世話人をつとめた落語好きの人情派だった。やさしい奥さんは岩手の釜石出身。人にやさしく、人のつながりを作るラーメン屋で、集金にやって来た新聞配達の苦学生の顔色が少し悪いと、「いいからそこに座んなさい!」と、大盛りの野菜炒めをトッピングしたラーメンを食べさせる。リストラされそうと肩を落として語る常連さんに「今日は、もういいよ」と、お代を取らずに焼酎を何杯も注ぐ。ある時、私が友人4人と飲む気たっぷりでのれんをくぐったら、「ゴメン。この間できた店が、客入ってないっていうから、そっち行ってたくさん飲んであげて」と入店を断られたことまであった。

またある時、ラーメンを注文すると、島原そうめんを取り出して、「雲仙普賢岳の被害でさ、まだまだ大変だっていうじゃない。今夜はラーメン禁止。これ食べよう。本当なら、もっとドッサリ仕入れて島原の人たちに貢献したいんだけど」と、島原そうめんを食べる会になったり。

そんな、人情とユーモアあふれるアットホームな個人経営のお店は、お好み焼き「ぼんち」「赤提灯・太郎」などいくつもあり、それが経堂という街の特徴だった。

しかし、1998年頃から駅前に値段の安いチェーン店が次々にオープンすると、客は、安さを求めてそちらに流れるようになった。「からから亭」のような家族経営の店は、チェーン店的な大量仕入れで安価に食材を確保することは無理。3％から5％に上がった消費税のせいで、高くなる一方の仕入れ値に悩み、経営が厳しくなっていた。

そしてとうとう、2000年の8月、深夜1時頃、カウンターに残る客が私1人になった時。栃木さんからこう告げられた。

「須田さんさあ、うち、じわじわ売り上げが減ってきて、曜日によっては何千円って日もあってね。そろそろ店を閉めようかと考えてる」

ショックを受けた私は、すぐに何とかしなければと思った。そして、数日考えた結果、生まれたのが、次にあげる「からから亭」再生案だった。

① 化学調味料を使わない店なので、味が良ければ少し高くても来る客層をターゲットに。
② 酒場色を強める。ツマミを増やし、ドリンク代を稼ぎ、客単価を上げる。
③ 栃木さんの人柄が好きな顧客＝ファンの多い店にする。
④ イベントを定期開催して新規顧客を増やし、リピーターはメーリングリストでつなぎ、

コミュニティを作る。

具体的な活動は、翌9月からはじめた。メインは、売り上げの少ない月曜日に毎週開催するバルイベント。会費制の宴会ではなく、立ち飲みの酒場のように、ドリンクとフードの代金は注文時に支払うキャッシュオンデリバリー制。これなら幹事不要で、誰もが好きな時に飲みに来て、好きなものを飲み食いして、好きな時に帰ることができる。

私は栃木さんに、お釣りの小銭の用意と300円くらいのツマミメニューの充実を頼んだ。時間は夕方6時から12時まで。私は、同じくカウンターの常連だったプロ将棋棋士の高野秀行さんたちと共同で、友人、知人に声をかけまくった。すると、月曜日はたくさんの人で賑わい、売り上げも店主の栃木さんが笑顔になる数字になった。集まった人たちにはメーリングリストに参加してもらい、ネットとリアルをつなぎ、人と人の横のつながりを作った。活動体の名前は、90年代に流行った「渋谷系」に似た「経堂系」とした。

このバルイベントは、その後、約150回連続、3年間続けた。2年が過ぎる頃には、参加者が常連となり、他の曜日にも飲みに来るようになり、友人知人も連れてきたため、客数と売り上げが増えた。そのようなことの積み重ねで経営が再び軌道に乗ったので、

「からから亭」は、2003年末にイベントをやめて、月曜日は通常営業に戻った。

私は、このバルイベントを続けている間に、経堂の他の店からも相談を受けることが多くなっていた。そこで、WEBサイト「経堂系ドットコム」を立ち上げ、経堂の個人店の情報発信を行うかたわら、銭湯やお寺、お店でのイベントも活発に開催。終演後、イベントに集まった人には、商店街の飲食店に流れてもらい、リアルな賑わいを街に運んだ。

復活した「からから亭」はまた、新聞配達の苦学生に無料でラーメンをごちそうしたり、貧乏な演劇青年にサービスで酒を飲ませる店に戻った。が、そんな「からから亭」が、2007年4月、栃木さんが難病のALS（筋萎縮性側索硬化症）を発症し、人工呼吸器を付け寝たきりになり、閉店するということに。そして、事業の継続が不可能になった時、銀行の借金が原因で自宅兼店舗が差し押さえられ、競売にかけられてしまうという悲劇に見舞われた。68歳、「あと10年がんばって働く！」と元気に語っていた矢先だった。

難病で動けないのに住むところがなくなる。常連全員が絶望的になった時、奇跡が起きた。ご近所の居酒屋、「らかん茶屋」の奥さんが競売に乗り込んで、「からから亭」の物件を落札、買い取ってしまったのだった。

「おとうさん、ずっと店にいていいから。安心して、ゆっくり治してちょうだいね」

そのおかげで栃木さんは、慣れ親しんだ店の奥の部屋で、2013年末に亡くなるまで、7年間の療養生活を過ごすことができた。これも経堂長屋の人情噺だった。

紙数がいくらあっても足りないので、このへんにしておくが、私が20代後半～30代にかけて、経堂の街にはこういったリアルな人情噺が非常に多く、昔から落語が好きだった私はすっかり感化されてしまったのだった。

2010年に大きな被害を出した宮崎県の口蹄疫問題の時は、経堂に宮崎出身の人が多いので、歌手で俳優の西郷輝彦さんと、経堂すずらん通りの焼鳥「灯串坊（とうせんぼう）」のカウンターで意気投合して、風評被害防止CMを作ることになった。コンセプトは「日本列島は1軒の長屋。同じ長屋の住人同士、助け合いましょう！」というものだった。

西郷さんが声をかけ、松尾貴史さん、藤山直美さん、前川清さんも録音に参加。宮崎の魅力をアピールする4本のCMをネットにアップして話題となり、新聞などにも取り上げられた。

日本のどこかが災害で苦しんでいる時はすぐアクションを起こすのが経堂。その伝統は、東日本大震災の前からあったわけだ。

植草甚一とカウンターカルチャーの街、経堂に魅せられて

私が経堂に暮らすようになったきっかけは、ジャズや映画やミステリーなどの評論を縦横無尽に書いたサブカルチャーの元祖、故・植草甚一氏だった。

1988年の夏、20歳の時。久我山と西荻窪の間に住んでいた私は、井の頭線で、今はなき渋谷の大盛堂書店の本店に通っていたのだが、その2階に植草甚一コーナーがあった。ある日、何気なく手に取り読みはじめたページに書いてあったのが、経堂には飽きずに歩ける楽しい商店街があるという話だった。その時、無性に経堂に住みたくなり、すぐに引っ越してしまったのだった。

最初に住んだのは、桜1丁目のアパートで、路地に入る手前に、「犬神家の一族」や「マルサの女2」などの映画にも出演していた女優の原泉と、プロレタリア文学者の中野重治の夫婦が暮らす一軒家があり、文化度の高さに驚いた。

結局私は、母親の病気をきっかけに、半年ほどで大阪に戻ったのだが、植草甚一氏が通

い詰めた古書の遠藤書店などがあり、歩いて下北沢に演劇を観に行けて、自転車で少し走れば下高井戸シネマ……という街は、コメディ界のビートルズと呼ばれるモンティパイソンなどのカウンターカルチャーが好きだった自分にとっては夢のような環境だった。

その後、大阪の超ハードな映像制作会社での修業を経て、広告制作会社でコピーライターを経験。フリーランスになり、モンティパイソンを生んだ国イギリスに渡り、コメディライティングの勉強をしながら、日本の企業の広報誌や出版社の取材と原稿の仕事を経て、1996年に帰国。出版、テレビ、ラジオの仕事を世話してくれる人がいたので東京に暮らすことになった。当然ながら戻って来たのは、青春の地、経堂だった。

再び住んだ経堂は、パラダイスだった。お金のない20歳の頃と違って、プロの物書きとしての仕事も順調だったので、古本やCDも大人買いできたし、気になる店に行くこともできた。中でもハマったのが、前述の「からから亭」のような人情酒場だった。

夜、仕事が順調に終わり時間があると飲みに出かけた。会社員、飲食関係者、棋士、俳優、ミュージシャン、大学教授、政治家、陶芸家、絵描き、写真家、釣り師、農家、タクシー運転手など、カウンターには多種多様な職業の人がいて、知らない世界の話が楽しかった。

カウンターで文化的な人生が広がる。まさに「カウンターカルチャー」だと言葉遊びで悦に入ったりしながら、経堂という街を「ハブ」とした人の輪をじわじわ広げていたのだ。

廃業を覚悟した社長が男泣きした夜、支援物資トラックは石巻へ

「支援物資の輸送開始ですが、27日の日曜はいかがでしょうか？　24日に東北道が全面再開することになりましたので」

鈴木さんから電話があり、最初のアクションを起こすのは3月27日と決まった。

3月26日には震災による死者が1万人を超えたと発表され、そのうち石巻は、死者約2100人、行方不明者約2700人。石巻市内には160を超える避難所があり、2万7000を超える人々が、日常生活に必須なあらゆる物が不足する劣悪な環境下での避難生

活を強いられていた。

　下水道が壊れた地域では大小便の処理の問題があり、疫病発生の可能性もある。現地では、自衛隊、消防署、石巻赤十字病院を中心とした災害医療のチームが決死の活動を続けていた。経堂の我々ができることは微力に過ぎないことはわかっていたが、現地のニーズを聞き、できることはやりとげたかった。

　27日は、木の屋と経堂の街ぐるみで行うサバ缶アートイベント「さば缶・縁景展」の最終日でもあった。参加アーティストをはじめたくさんの人たちが、津波で流された木の屋のことを心配していた。中心になって動いているイラストレーターのソノベナミコさんと相談して、最終日はチャリティイベントを計画した。「さばのゆ」で、参加作家が作品を提供し、売り上げ全額チャリティのアートフリマを行い、ライブは投げ銭を全額義援金にするというものだった。

　しかし、震災前の予定では、木の屋の木村長努社長が作品の最優秀賞＝木の屋賞を表彰するという内容になっていたのだが、会社が津波でなくなるという想定外中の想定外のことが起きてしまったために「社長は来ないんじゃないか？」という心配が出ていた。さらに被災地の状況を見て、「木の屋さんは廃業するしかない」と言う人もいた。

石巻に生まれ、父親が創業した会社を受け継いだ社長の心境はいかばかりか。前日に鈴木さんに電話をして確認した時は、「経堂に来てほしいとは思ってるんですけどね……」とのことだった。

震災から2週間が過ぎ、木の屋の缶詰メニューを出す店の缶詰の在庫が、かなり品薄になってきていた。津波が石巻に襲いかかる映像を見た時の「もう永遠にあの味が食べられなくなるのではないか?」という心配が、現実味を帯びていた。震災前から友情を培ってきた木の屋だったが、会社がなくなると関係は薄くなるしかない。だから、木村社長はもう来ないのではないか。何となくそんな気がしていたのだ。

ところが社長は、ひょっこり、昼間のフリマに現れたのだった。そこへたまたま、経堂に行きつけの居酒屋がある西郷輝彦さんが冬物の服を持って現れた。2人を紹介したら、ガッチリ固く握手をし、2ショットの写真撮影をした。

木村社長が立命館大学時代に活動したボート部は、インカレ優勝者も輩出するほどだった。スポーツマンで、精悍な顔立ちに引き締まった身体。その印象はスマートで、想像を絶する被害に遭いながらも感情をあらわにせず、どんどん集まる支援物資やフリマの様子

「サバ缶は、若い頃よく食べていた、我が青春の味だよ！」そう言って、西郷輝彦さんは、東北の寒さを思い、自分の冬物の服を何着も持って駆けつけた。木村社長と交わした握手は固かった。

を淡々と観察しているように見えた。そしてしばらくすると、ふっと姿が見えなくなった。

社長がいなくなったのを知ると、私は、今夜のイベントを最後に、木の屋さんとの縁が消えてなくなっていくような感覚にとらわれていた。だから、夜の部の開始前に鈴木さんから電話があり、「これから社長も一緒に行きますんで！」と聞いた時は、少し驚いた。

「社長にあいさつをしていただいても大丈夫ですか？」と聞くと、「OKです！　伝えておきます！」と元気な声が返ってきた。

夕方、セレモニーがはじまった。初めにソノベナミコさんが、あいさつ。

「まさに縁がつながって、温かい気持ちになれる時間を過ごせたことが本当に良かったと思います。これからもつながっていければうれしいです！」

そのタイミングで、鈴木さんと木村社長が入ってきた。2人がそのままソノベさんの隣に来たので、司会者のイラストレーター、リタ・ジェイさんが「木の屋石巻水産の木村社長、よろしくお願いします！」とアナウンスした。

少しの間を置いて木村社長が話しはじめた。日が暮れた時間の店内は、陽光が差し込む昼間の明るい店内とは一転して、間接照明が酒場のムードを醸す夜の雰囲気。社長は、精悍な海の男のようだった。

「今日はみなさん、あたたかいご支援を頂きまして……」

第一声はソフトな口調だった。が、次の言葉が出てこない。見ると、静かに肩を震わせながら、泣いていた。十数秒間の沈黙が続き、みんな、固唾を飲んで見守った。社長は、両手を拝むように合わせて、絞り出すように言った。

「いやあ、ほんとに、ありがたい……」

男泣きの涙。沈黙が訪れる。再び、両手を拝むように合わせ、続けた。

「私の自宅も1階まで水が入りまして、2階に5日ほどいましてね。幸い、仙台の友だちに迎えに来てもらい……」

当日のことがフラッシュバックするのか、また目を閉じて、言葉が途切れる。

「……みなさんにこんなイベントをして頂いて、今日は、支援物資を頂きましたので、間違いなく石巻まで、義援金も市のほうに間違いなく届けさせて、有意義に使わせて頂こうと思いますんで、ありがとうございました！」

会場じゅうに拍手が鳴り響いた。見ると、みんな目に涙を溜めて手を叩いている。私も、とめどなく涙があふれた。そして、社長の言葉を聞き、涙を見て、あらためて今回の震災の被害の深刻さと、津波が奪い去ったものの大きさを思った。続いて、鈴木さんがあいさつした。

「避難所には、水も食料もなく、3日間で食べたのがビスケット3枚だったんです」避難所の厳しい生活を実際に経験した人の言葉は重みがある。みんな、黙って鈴木さんの一言一句を噛みしめていた。が、続けた言葉が雰囲気をガラリと変えた。

「でも、人間の生命力はすごいもので、6日経って体重計に乗ったら、1キロも変わってませんでした！」鈴木さんの鉄板ネタだった。大柄でポッチャリした癒し系キャラの鈴木さんの「やせませんでした！」という告白に、店内が大きな笑いに包まれた。さらに鈴木さんは続ける。

「前向きにがんばろうと、避難している時からずっと思っていまして、缶詰もまた絶対に作って、みなさんに届けていきたいなと。今度、石巻に災害の時の缶詰が泥だらけであるんですけど、持って来て、みなさんに食べてもらいたいなと思っています。ひょっとしたら洗うのを手伝って頂くかもしれません」

鈴木さんのあいさつに拍手が沸き起こった。が、私は驚いた。それは鈴木さんの「缶詰もまた絶対に作って、みなさんに届けていきたい」という言葉だった。津波で工場が流されたにもかかわらず、また缶詰を作ろうとしている。そして、被災した泥だらけの缶詰を経堂に持って来る、と言うのだから。

しかし、隣の木村社長を見ると、鈴木さんの言葉に特に反応はしていない。それを見て、鈴木さんの言葉が木の屋としての公式の言葉ではない、フライングなのだと思い、しばらくすると、その言葉を忘れてしまった。

イベントの最後、集まった支援物資を、鈴木さんが千葉の実家から持ってきた10人乗りのバンに積み込んで石巻へ向かう予定だったが、支援物資が集まり過ぎて半分も積めなくなり、急遽、近くのレンタカー店で、松友さんが一番大きなハイエースを借り、残りを積んで出発した。2人に渡した義援金は約30万円。夜9時過ぎ、みんなで手を振り「さばのゆ」前を出発する2台の車を見送った。

第2章

洗って運んで売る心意気

泥まみれの缶詰がやって来る！ そして店主は途方にくれる

東北自動車道の全面再開から3日後というタイミングで、木の屋の2人が、義援金と支援物資を車に積み石巻へ向かったことを近所の店に知らせ、ブログやツイッターなどに書き込むと、さらに大きな反響があった。

「必要な物資を教えてください！」「ささやかですが義援金を託したいです」などのコメントやメールが相次ぎ、経堂の街に暮らす人々の被災地支援の関心の高さを強く感じた。

3月31日、私は、ブログに必要物資のリストをアップした。

＊　＊　＊

［物資リスト］

・自転車（少しへんぴなところに物資を届ける役に立つそうです）

・カセットボンベ（コンロは大丈夫だそうです）
・靴（服に比べて、流されてしまったケースが多いので）
・スリッパ
・簡単に調理できて保存の利く食品
・野菜ジュース（新鮮な野菜が食べられないので便秘の人が増えています）
・2〜3日ほど常温で日持ちのしそうな野菜（トマト／キュウリ／キャベツなど）
・バナナ／みかん
・チョコレート／飴などのお菓子
・オムツ（大人用／赤ちゃん用）
・電池
・ティッシュ
・トイレットペーパー
・ウェットティッシュ
・下着類
・除菌スプレー

このリストは、どんどん追加情報が更新されますので、よろしくお願いします。

＊　＊　＊

リストの内容を見ると、当時の現地の切迫した状況がよくわかる。車社会であるにもかかわらず、車はことごとく津波に流されてしまい、移動や運搬の手段がなく、ガソリン不足と道路の未整備もあり、自転車が重宝されていた。1階の玄関にあった靴が流されて足りないというのも津波災害のリアルを感じる。

アナウンスすると、打てば響くように、「さばのゆ」に物資を持った人たちがひっきりなしにやって来てくれるのが嬉しかった。ほとんどが経堂の飲食店のオーナーか常連さんで、わかりやすく言うと「1997年以降の経堂の飲み仲間たち」だった。

難しいと考えていた自転車は、実用的なカゴ付きのママチャリが11台も集まった。隣り駅の千歳船橋、船橋神明神社の睦会の奥さまたちが集めた軽トラいっぱいの物資をデザイナーの林さんが運び、ドサッと寄付をしてくれた。近所の小学1年生が、正月にもらったお年玉の1万円をおばあちゃんと一緒に持って来てくれたのには、涙が出そうになった。
お年玉袋の中にはこんな手紙が入っていた。

みなさんへ
じしんはこわいけれど
がんばっているのを見て
すごいなーとおもいました。
がんばっていて
げんきをもらいました。
ありがとう。
わたしもがんばります。

そして、4月1日の午後1時。呼びかけて24時間ほどで、4トントラックに積みきれないほどの支援物資が集まっていた。荷物の仕分けをしているところに、鈴木さんから相変わらずの明るい声で電話が入る。

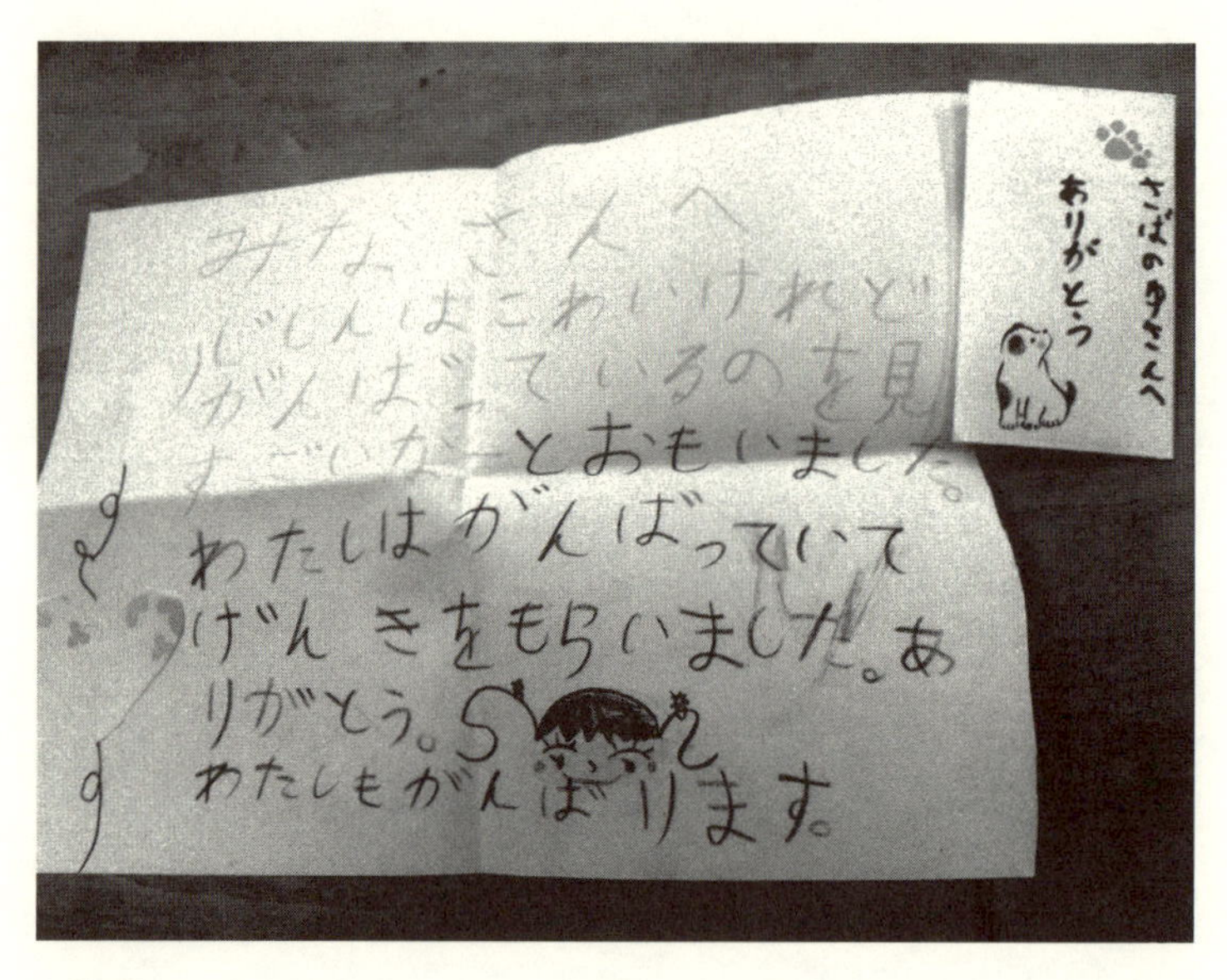
みなさんへ
じしんはこわいけれど
がんばっているのを見
すごいなーとおもいました。
わたしはがんばっていて
げんきをもらいました。あ
りがとう。
わたしもがんばります。

ありがとう

支援の輪は、お年寄りから子どもまで、あらゆる世代に。経堂に住む小学1年生は、お年玉を寄付。封筒には心の込もった手紙が添えられ、木の屋社員の涙を誘う。

「明日、午前中に缶詰を積んで行きますんで！」「えっ？　缶詰！」「ええ、先日、イベントの最後にお話しした、泥だらけの缶詰のことです」「あれ、本気だったんですか？　鈴木さんが盛り上げるために言ってると思ってまして」そう正直に伝えた私に、鈴木さんはこう言った。

「いやあ、それもあったんですけど（笑）、今日、工場のあったところに行ってみたら、400缶くらい拾えまして。まあ、泥とか油とかで汚れてますけど、大きなバケツと洗剤、タワシなどがあれば、洗えば何とか大丈夫と思いますので。そろそろ、ラーメンのまことやさんとか、経堂のお店の在庫もなくなってきていると思うので、ずっとうちの缶詰を愛してくださっているみなさまに食べて頂ければと」

鈴木さんは、本気で工場跡地で拾った缶詰を持って来る気だった。

「津波にやられて紙巻きのラベルがはがれてしまってるんですが、缶の形と底の印字を見れば種類がわかりまして、明日お持ちするのは、サバ缶が半分ってとこですかね。あとは、イワシ、サンマ、鯨の大和煮」

もう会えないと思っていたサバ缶が届くとわかると嬉しかった。しかし、同時に思い起こされるのが、石巻の惨状だった。津波の引いた沿岸部の写真を見たことがあったが、どこも黒いヘドロや重油らしい物にベットリと覆われていて、それがたんなる泥ではないことは明らかだった。「明日、お待ちしてますね」と言って電話を切ったとたん、これまで経験したことのない、途方にくれる感覚に襲われた。

その夜、「きはち」に飲みに行き、明日届く泥まみれの缶詰の問題点を話した。おかみさんの恵理さんは、長らく生協活動に関わってきた人生経験豊かな人で、アイデアを出してくれた。「大きなバケツを用意して、お湯を張って、そこに重曹をたっぷり入れるの、まずは。そこに缶詰を浸けて、浸け置き洗いがいいかもね」。店主の秀さんも、「細かい部分は、歯ブラシがいいと思うよ」と。その他、洗った缶詰を太陽光で乾かすのにブルーシートがあるといいとか、いろんな実践的な情報が常連さんから出た。しかし、私は、まだ確信を持てないでいた。

「でも、泥まみれの缶詰を洗ったところで、みんな、買って食べてくれるのかどうか、わからないですよね」と弱気になって言うと、カウンターのうしろで配膳をしていた恵理さんが私の背中をポーンと叩き、「洗えば中身は大丈夫！　みんなで買って食べればいいじゃん！」と、大きな明るい声で言った。

急に憑き物が落ちたかのように不安が消え、少し前までの不安が勇気と確信に変わるのを感じた。背中を押されたとはまさにこのことで、すでに深夜近かったが、私は熱くなり、メールやツイッターで、石巻から届く泥まみれの缶詰を洗うボランティア募集の告知をはじめた。

洗えば中身は大丈夫！経堂の空に黄金色の缶詰が輝く

4月2日の朝。目覚めた私は、再び不安な気持ちに包まれていた。あと3、4時間で、鈴木さんが運転する車が、石巻の海沿いの工場跡地で拾われた泥まみれの缶詰400缶を積んで到着する。泥といっても田んぼや畑などの泥ではなく、あの大津波の泥。震災時の津波が街のすべてを飲み込み濁流となる映像を嫌というほど見ていたので、大変な物がやって来ると感じていた。しかし同時に、どんな缶詰か見てみたいという好奇心もあった。

大きな青いバケツ、ブルーシート、重曹、洗剤、軍手、タワシ、歯ブラシ、タオル、ゴミ袋などを大量に用意して、缶詰の到着を待つ。車は11時過ぎに着いた。その時の衝撃は忘れることができない。

「さばのゆ」から走り出てトランクを開けると、魚を入れる発泡スチロールの白い箱にギッシリと、ドス黒い円形の物体が詰まっていた。

目が慣れてくると、紙巻きのラベルがはがれて金属部分に油混じりの泥がへばり付いているのだとわかった。そして、漂ってくる臭いが強烈だった。しかし、鈴木さんは、いつもと変わらない明るい笑顔だった。

「おはようございます！　持って来てしまいました！　水道が復旧していないので洗えなくて申し訳ないんですが、この状態で持って来るのが精いっぱいで」

工場跡地の缶詰は、ボロボロになりながらも津波に流されなかった建物や壁に守られて残っていたという。写真を見せてもらうと、元は倉庫だった建物の至るところに、黒い山ができていた。山の表面のあちこちに丸い金属が光っていた。それは、泥にまみれた缶詰の山。届いた缶詰は、スコップで掘って、一つ一つ手作業で集めた物だった。

「弊社の倉庫は1500トンの収容能力がありまして、震災当日は、ざっくり100万個が保管されていたんです。かなり流されたと思いますが、わりと残っているので、まずはこれを何とかしたいなと」軍手をして缶詰を手に取ってみると、ところどころ凹んだり傷が付いていたりはするが、ガッチリしていて頑丈そのものだった。

「とにかく洗いますか?」と作業をはじめる。まずは、大きなバケツにたっぷりのお湯。そこに重曹をどっさり溶かし、10個ほど缶詰を放り込んだ。数分してから試しに1個を取り出し、洗剤を付けて亀の子タワシでこすると、乾いてカピカピにへばり付いていた泥が落ちやすくなっていた。金属の部分がどんどん露出して、金色の缶詰が現れる。プルタブの部分は、歯ブラシを使ってこすると細かい汚れや砂を落とせた。最初の缶を洗い終えたのは、鈴木さんだった。

「おーっ! なかなかキレイになりました!」宙にかざした缶詰は、春の青空をバックに力強く金色に輝いた。洗い終えた缶詰は、本当に美しかった。

それを見ると私は、無性に中身を食べたくなった。缶詰の裏の印字を見ると、サバの水煮缶とわかった。フタを開けると、懐かしいサバの切り身が目の前に。割りばしで挟み、すくい上げ、口に放り込むと、極上の脂の旨味が鼻腔を突き抜けた。

「やっぱり、旨い!」思わず大声をあげると、「うーん、やっぱりうちの缶詰は最高ですな!」と、鈴木さんも舌鼓を打っている。涙があふれ、サバの味が少し塩味になる。鈴木さんの目にも光るものがあった。

「石巻と同じ臭いがする！」石巻から「さばのゆ」に来た人が、思わずそう叫んだ。店先で泥まみれの缶詰を洗い、店内は、缶詰や支援物資の倉庫と化していく。

会社も工場もすべて失われてしまったが、この缶詰は、震災前の木の屋のみなさんの、たった一つ残った労働の証しだった。

「うちの社員が一生懸命作った缶詰なんで、せめて、きれいにしてあげたらと」

私たちは、黙々と缶詰を洗っては、ブルーシートの上で乾燥させた。

この缶詰が、奇跡の物語を紡いでいくとは、この時、想像もできなかった。

「出会いに感謝します」テレビの取材が来た!

正午を過ぎると、近所の「きはち」の一家、作家の中島さなえさん、夏山明美さん、落語好きの伊藤ちゃんなど「さばのゆ」の常連さん、その他、経堂の顔見知りの人たちが手伝いに来てくれた。みんな、飲み込みが早く、手際良く、洗った缶詰を順番にブルーシートに並べて、殺菌効果がある太陽光で乾かしていると、ラベルも何もない缶詰が、売り物に見えてくるのが不思議だった。

洗っている最中に、「おーっ！」という声が起きた。缶詰の裏に「出会いに感謝します」という文字が現れたのだ。鈴木さんが説明する。

「弊社の缶詰は、もともと決して安くはない商品なんです。それにもかかわらずご購入いただいた方に、まず美味しさで感動して頂き、食べ終わって、缶詰を洗ってから裏を見たら、この文字が目に入るんです。『この缶詰と出会って頂きありがとう！』という思いを込めて、木村副社長が考案しました」

乾いた缶詰は、店内に作った即席の缶詰売場に並べた。ラベルはなかったが、缶詰を洗っている様子がよほど奇異に見えたらしく、道行く人々の多くが、何をしているのかと尋ねてきた。

「被災した石巻の缶詰を洗って売っている」と答えると、かなりの人が興味を持って店内に入って来て缶詰を買ってくれた。ラベルがないので「売る」という言葉を使えなかった。

「300円の義援金を頂くと1缶お渡しする」というスタイルにした。

いち早く買いに来たのは、ラーメン「まことや」の店主、北井さんだった。

「石巻からサバ缶が届いたんですよね？　これでサバ缶ラーメンが作れますよ！」北井さんは、20缶ほど「金華さば水煮」缶を買ってくれた。

泥にまみれた缶詰が初めて到着した日にもかかわらず、いきなりボランティアの人たちが洗う手伝いをしてくれて、売場ができてしまった。順調なスタートを喜んでいると、意外な人から電話が入った。1年ほど前に、経堂をサバ缶の街として取材し、特集をオンエアしてくれたTBS夕方の報道番組「Nスタ」の岩澤ディレクターだった。

「今日、都内の震災復興関連の動きを取材してるんですが、ネットを検索したら須田さんが石巻の缶詰を洗ってるという情報が出てきたんです。これから経堂に向かいます。まだやってますか？」

もちろん断る理由はないので、来てもらうことにした。30分後、カメラマンと共に現れた岩澤さんは、泥まみれの缶詰を目にするや、何かに打たれたように腕組みをして見つめ続けた。2人は静かに心を動かされているようだった。

「これは、何というか、すごいですね。深いものを感じます。よく残ってましたね。それで、中身が大丈夫なんですね。なるほど」

岩澤さんはカメラマンと打ち合わせをして、撮影をはじめた。泥まみれの缶詰や、洗っているところ、そして、さばのゆ店内の缶詰売場など、入念に撮影と取材をしてくれた。翌月曜日、4月4日にオンエアできそうということだった。

サバ缶洗い初日、洗った数は約100個。その半分が売れて1万5000円ほどの義援金になった。

経堂と石巻。支援物資と泥の缶詰の往復ピストン輸送システム完成

はじめて缶詰を洗った4月2日の夜は、「さばのゆ」常連の西方さんが、建設会社勤務の親戚が運転する4トントラックで来てくれた。支援物資は店内に入りきらなかったため、前のお宅の駐車場に山のように積ませて頂いた。夜9時過ぎに到着したトラックに自転車やおしめなどの荷物をどんどん積み込み、10時過ぎに出発。途中休みながら翌午前中に石巻に入るコース。石巻の港に近いエリアは、まだ電気が復旧しないため、日が暮れると漆黒の闇。路面の陥没があるなど、暗い時間帯の運行は危険だからだ。

しかし、トラックが発車したあと、積みきれない荷物が大量に残った。何とか別の車が手配できないかと考えていると、荷物の積み込みを手伝いに来てくれていた、ご近所のアメリカ車好きの石川さんが、「荷物、いったんオレの自宅に保管して、今週どこかで運びますよ！」と名乗り出てくれた。石川さんは、大型免許も持っているベテランのドライバーでもあり、なんとも心強く、さっそく自分のジープで物資を持ち帰ってくれた。

自宅に戻った石川さんは、アメ車仲間に声をかけた。するとすぐに、関東各地から支援物資が集まり、3トントラックを用意することになった。

「3トントラックに支援物資を満載して行く」と、木の屋の鈴木さんに連絡すると、「陸の孤島になっている雄勝（おがつ）に向かえませんか？」ということだった。石川さんに伝えると「OKです！」頼もしいエンジン音と共に東北へ向かってくれた。

翌日も、泥まみれの缶詰洗いだった。近所からボランティアの人が集まり、150個ほど洗えただろうか。前日よりもスムーズに洗えたピカピカの缶詰がどんどん売場に並んでいった。

週明けの月曜日、4月4日は、平日ということもありボランティアは少なかった。鈴木さんが石巻に戻り、松友さんが「さばのゆ」担当になった。他は、店のスタッフである書道の先生・紅鸞（こうらん）さん、樋口直樹さん、デザイナーのマルさんたちと洗った。

洗えば洗うほど、みんなコツがわかってきて、ピカピカの缶詰が並ぶ売場は、さらに充実してきた。しかし、心配だったのは売れ行きだった。SNSで積極的に発信していたのだが、まだ、2缶とか3缶を購入する小口のお客さんが多かった。「もっと、どんどん売れてくれるといいのに」と思っていたら、その日の夕方、ミラクルが起きる。

2日前に取材に来たTBSの「Nスタ」にて、さばのゆで泥まみれの缶詰を洗って売る様子が流されたのだ。映像は、5、6分に編集されており、「世田谷」「経堂」「さばのゆ」という言葉もハッキリ聞き取れた。

特集が終わると、いきなり電話が鳴った。受話器を取ると、「今テレビで見たんだけど、缶詰を買いに行きます！」という興奮気味の年配の男性の声が聞こえた。営業時間と値段などを伝えて受話器を置くと、また電話が鳴った。今度は「缶詰洗いのボランティアがしたい」という女性の声だった。その後、電話は、夜8時頃まで鳴り続け、同時に、洗った缶詰を買いたい人たちが続々と訪れて、売場の缶詰はかなり減っていた。

やはり、テレビの力はすごいと思った。そして、明日は、さらにたくさんの人が来るような気がした。となると今度は、缶詰が足りなくなることが予想される。3日間、洗い続けた結果、泥が付いたままの缶詰は残り50個ほどまで減っていた。

「まだ石巻には、缶詰がたくさん埋まっているはずです」と、松友さん。

「これだけ売れるなら、どんどん運んで、どんどん洗いたい」なんとか、工場跡地から掘り出した缶詰を定期的に経堂に運ぶ手段はないかと考えを巡らせたが、すぐには、いい案が浮かばなかった。その時、荷物を3トントラックに積んで出発した石川さんから電話があった。

「今朝、雄勝に着いて、山の中にある、農家が数軒ほどの集落に支援物資を渡してきました。そこでお茶を飲ませてもらって、昼過ぎに石巻の湊中学に向かったら鈴木さんと会ったので、物資を降ろして空になった荷台に泥まみれの缶詰を積みました。たぶん、700缶くらいあると思います。明日の午後早めの時間に到着します」とのことだった。

「ありがとうございます！　助かります！」私は、石川さんの言葉を聞いて「その手があったか！」と思った。経堂から石巻に支援物資を届け、車の空きスペースに泥まみれの缶詰を積んで持ち帰る。ピストン輸送の仕組みの完成図が見えた。それですべてうまくいくと思った。

その時すでに、週末に届いた缶詰約400缶が約12万円の現金に姿を変え、鈴木さんと松友さんの手に渡っていた。このあとも、コンスタントに缶詰を洗って売ることができれば、少しずつ希望が見えてくる気がした。

街をあげて飲食店が缶詰メニューの提供開始

TBS「Nスタ」の反響は1週間続いた。電話は日々、朝から晩まで鳴り続け、電車に乗って缶詰を買いに来る人は、1日に20～30人。私のブログやツイッターを見て、支援物資や義援金を届けてくれる人も多かった。あれだけの震災被害の映像を毎日テレビで見せられて、心の中で「自分も何かの役に立ちたい！」という気持ちをあたためていた人が、たくさんいたのだ。自分の車を運転して支援物資を届けたいと志願する人も週に2、3人、コンスタントに現れたため、ピストン輸送も充実してきた。

4月4日の週から、ゴールデンウィークに入るまでの期間は、毎週700～1000缶ほどの缶詰が届いた。平日は、「さばのゆ」スタッフ中心の缶詰洗いだったが、週末になるとボランティアも含めて、十数人が手伝ってくれた。

店頭だけでは狭いため、もう1ヶ所、場所を探していると、近所の陶芸教室「まだん陶房」が名乗りをあげてくれた。渋谷の老舗焼肉店、道玄坂「清香園」のオーナーにして陶芸家の李康則先生の教室で、間口が、「さばのゆ」の3倍あった。缶詰洗いのチームは2班となり、新しい班は「まだん陶房」に缶詰を運び、洗った。

「こんなPOPというか絵を描いてみたんだけどね、どうだろう?」

「まだん陶房」の様子を見に行った際、李先生から声をかけられた。見ると、急ごしらえの缶詰売場の前に、発泡スチロールのボードがあり、達者な筆によるかわいいサバと宣伝文句が。私は、そのボードを頂き、「さばのゆ」の売場に設置した。

「金華の豊穣の海よりの恵み
宮城・石巻の社屋が流失した〝木の屋水産〟
社屋跡より掘り出し洗浄した缶詰。
旬の魚材を生のまま一切の添加物を用いず
旨さ美味さを手詰で缶に閉じ込めました。

サバ、イワシ、サンマ　他
義援金1缶300円」

それにしても、週に700〜1000缶は大きな数字だった。というのも、缶詰を買いに来る人たちは、1日に20〜30名とはいえ、1、2缶を求める小口の客がほとんど。私たちやボランティアの人たちも積極的に食べたが、限界はある。「さばのゆ」での販売以外に、週に400〜700缶ほどを購入・消費してくれる受け皿が必要になっていたのだ。

そこで力になってくれたのが、経堂の個人飲食店のみなさんだった。「きはち」「まことや」「ガラムマサラ」などに続き、近所の商店街の店がたくさん名乗りをあげてくれた。まず、経堂のサバ缶料理の元祖で、「サバ缶ネギバター」というメニューを大手メーカーのサバ缶で提供していた「バンチキロウ」が、木の屋のサバ水煮缶を使用してくれた。店主の中村哲さんは、2007年に経堂のサバ缶のプロジェクトを私と一緒にはじめた人でもあった。

「バンチキロウ」のレシピを譲り受けサバ缶料理をはじめた「EL SOL」も、水煮缶を使ってくれた。広島焼きの名店「八昌」は、鉄板で温めたサバ缶にコチュジャンで味付

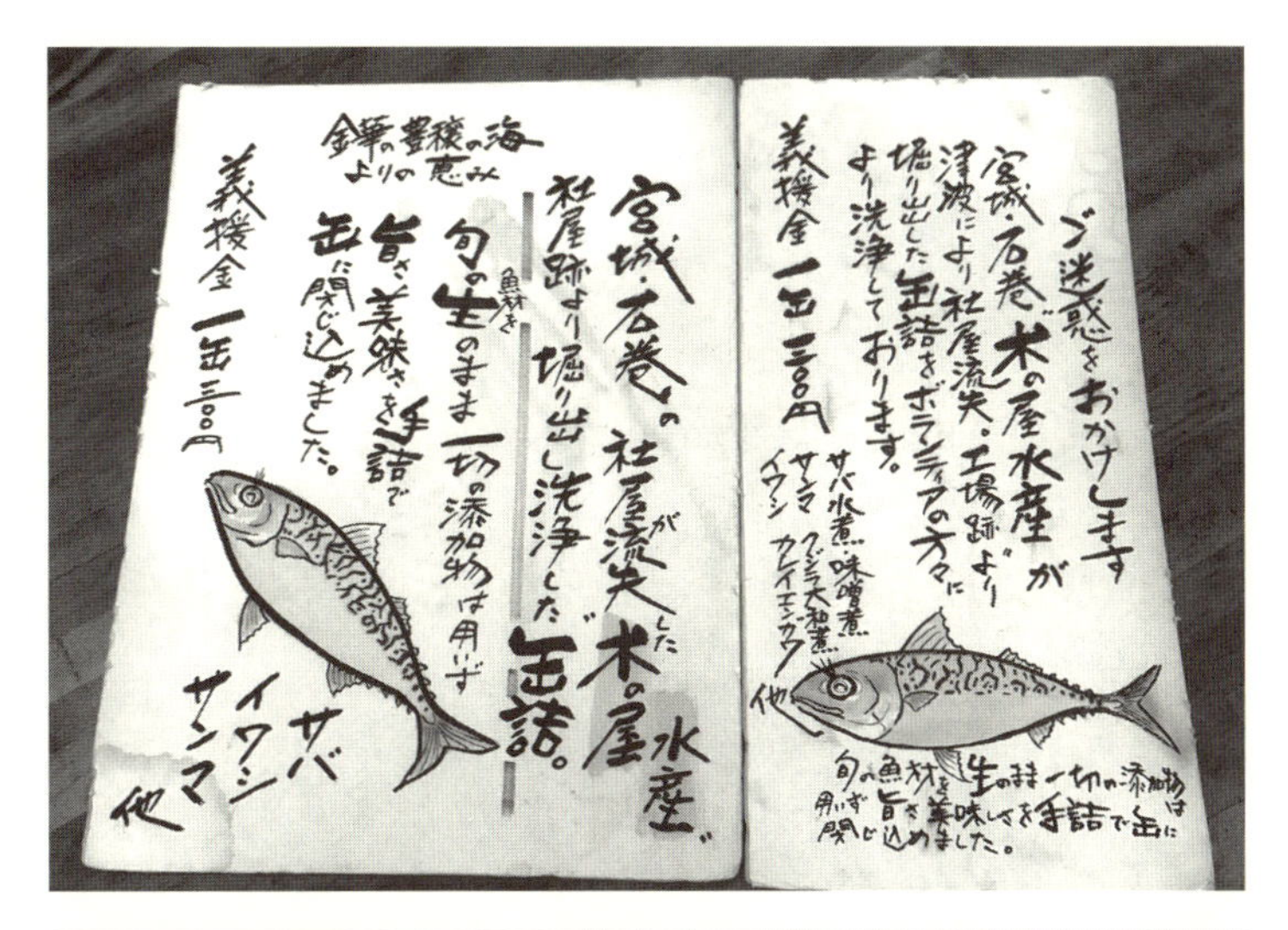

陶芸家の李康則先生による手描きのPOPは多くの通行人を引き寄せた。味のあるサバの絵をじーっと見つめて、「サバ缶ください！」という人は多かった。

けした一品。他にも、「鳥へい」「太田尻家」「アクセルイン」などが、仕込みの時間に「さばのゆ」を訪れて、缶詰を買ってくれた。

中でも一番すごかったのは、焼鳥「灯串坊」だった。この店のおかみさんは、毎週2、3回、自転車で乗りつけては、「ご近所の飲食店にも配るから」と言いながら50個ずつ買い上げてくれた。

毎週約700〜1000缶を洗って売ることができるようになったのは、そんな近所の個人飲食店の協力があったから。1缶300円で譲っていたので、まずは第一段階として、毎週、20〜30万円ほどが木の屋に入るようになった。

若者の街・下北沢に「木の屋カフェ」始動！

「ひょっとしたら、ひょっとしたらなのですが、弊社の工場跡地にですね、数十万の規模で缶詰が埋まっている可能性が出てきました」

鈴木さんから興奮気味の連絡を受けたのは、震災から1ヶ月を過ぎた頃だった。そして、私もテンションが上がった。とっさに暗算をすると、30万缶で9000万円、40万缶で1億2000万円、50万缶で1億5000万円、60万缶で……。

「かなりの埋蔵量ですね」なぜか私は、アラブの産油国を連想しながら鈴木さんの報告に応えていた。もっと掘り出して、もっと洗えば、木の屋の復興はかなり現実味を帯びる。そう思うと、現状に満足していられないという思いが湧いてきた。

もちろん、「さばのゆ」の前で缶詰を洗って販売することは、震災直後の何もなかったことから考えるとありがたいことだし格段の進歩であった。しかし、よく考えてみると、1000缶をさばいて週に30万円という金額は、月の売り上げにして120万円である。社員70名の会社を維持できる数字には、あたり前だが、ほど遠い。

「もっと掘って、もっと洗って、もっと売らねば！」そういう気持ちが強くなった。洗った缶詰の販売数を増やすにはどうすればいいのか？ラベルがはがれ、通常商品としてスーパーや小売店の棚に並べて売ることができないため、方法を考えなければならなかった。

やるべきことは、次の2つだった。

①缶詰の確保（もっとたくさん缶詰を掘って洗う）
②販売数の増加（販路の拡大、売り方の工夫）

①「缶詰の確保」のためには、ボランティアの数が足りない。②「販売数の増加」のためには、もっと広く知ってもらうことが必要だった。手伝いたい人、買いたい人、興味のある人を集めるには、どうすれば良いのか？

木の屋のケースは、緊急事態であり、時間をかけている余裕はなかった。短期決戦。そのためには、メディアを通じて、活動のことをもっと広く知ってもらうのがいい。いや、むしろ、それしかないと思った。

テレビを毎日見ていると、報道される場所や活動などに、ある一定の傾向があることがわかってきた。それは「わかりやすいストーリー性」と「絵になる」ベタな内容が多いということ。

4月4日の「Nスタ」は、たまたま以前から知っていたディレクターさんが取材に来てくれたが、その後は、メディアから問い合わせはあるのだが取材に来てくれるまでに至らず、今のままでは情報の拡散が難しいと感じていた。

「Nスタ」オンエアの翌日に、こんなことがあった。ある番組の女性ディレクターから「取材したいかもしれない」と電話が来た。「取材したいかもしれない」という曖昧な言い方に苦笑しながらも、「急ぎ」だというので、活動の内容や経緯をすぐにまとめてメールで伝えた。が、その後、3日ほど返信が来なかったのだ。さすがに私もイラっとして、女性ディレクターの携帯に電話を入れた。すると、電話に出た彼女の言葉に驚いた。

「なんか今回の企画は、難しいかもって感じで」

「どういうところが難しいですか？」

「なんかあ〜、絵になるキャッチーなところがないんですよね〜。おしゃれなお店にサバ缶があるとか、イケメンがいるとか」

話は、そのまま進展せず、私が呆れているうちに、電話はなんとなく終わってしまった。

しかし、同時にひらめくことがあった。自分の周りを見回してみると、「イケメン」と「おしゃれな店」があった。

イケメンは、さばのゆに缶詰洗いに通う松友さんだった。そして、おしゃれな店は、下北沢にある私の店「スロコメ」だった。

翌日、さっそく、松友さんに経緯を説明すると、「イケメンなんて、そんなそんな」と謙遜したが、意見交換を続けるうちに、缶詰売場を併設した「復興カフェ」のようなスペースを作ると面白いのではという話になった。「木の屋カフェ」というネーミングのアイデアが出て、2人とも気に入った。

テンションの上がった我々は、4月中旬に入ると、復興をテーマにした木の屋カフェの準備をはじめた。私が企画&PR担当で、松友さんが飲食サービス担当。松友さんは、会社では商品開発の担当で、つまり、食材加工の専門家。料理はお手のもので、すぐに、以下のようなカフェを意識した試作メニューがいくつかできた。メイン食材はもちろん、洗った「金華さば水煮」缶。まさに「復興カフェ」に相応しいメニューだった。

・タラトマスープ……600円
（震災当日に缶詰で試作していた商品。少しピリッとしたスープ）
・サバーグ　高砂長寿味噌仕立て……600円
（挽肉と玉葱、「金華さば水煮」缶使用。ソースは、石巻の被災企業「高砂長寿味噌本舗」の味噌を使用）
・金華サバ炊き込みご飯……450円
（「金華さば味噌煮」缶の炊き込みご飯）

試食をしてみると、どれも美味。タラトマスープは、トマトの酸味とピリ辛感が二日酔いにいいと酒飲みに評判が良かった。サバーグは、ひと口食べると、金華サバの上質の脂の旨味が至福。「高砂長寿味噌」の味噌を使ったコクのあるソースの相性も抜群だった。

バタバタの開店準備だったが、「木の屋カフェ」のオープンは、ゴールデンウィーク初日、4月29日と決めた。震災から1ヶ月半にして、津波で社屋と工場を失った木の屋は、東京の若者の街・下北沢に実店舗を構え、復興に向けての活動をはじめる。

4月の半ばから、この情報をツイッターやブログで発信すると、たくさんの好意的なコメントと共に情報が広がっていった。そしてすぐ、テレビやラジオの取材問い合わせが入りはじめた。

ちなみに、この話にはオチもあった。あの「おしゃれな店とか、イケメンとか」と言っていた女性ディレクターの名刺をよく見てみると、所属は、テレビではなく、音声のみのラジオだったのだ。「同じ取材をするならイケメンに会いたかったのかな?」と、この話題は、経堂の飲み屋のカウンターに笑いを振りまいた。

殺到するメディア取材！
経堂と石巻に全国から支援者が集結

「木の屋カフェ」の合い言葉は「がんばっぺ　東北！」だった。「若者の街・下北沢で、石巻の泥まみれの缶詰を使った料理を提供する『木の屋カフェ』がオープンする」という情報は、震災から間もない時期には、かなりインパクトのある話題だったようだ。4月12日にツイッターやブログで発信すると、2、3日のうちに、放送局や制作会社からテレビの問い合わせが4件、ラジオがFM・AM合わせて6件の合計10件もあった。

TOKYO FMの「サントリー・サタデー・ウェイティングバー」は、当時すでに10年来の友人で、震災以前からの事情を知る、経堂在住の放送作家・山名宏和さんの担当番組だったので、煩雑な事前準備はなかった。収録場所である元麻布のウェイティングバー「アヴァンティ」にお邪魔して、リラックスして、支援活動の状況を山名さんのナビに合わせて語るだけでよかった。

しかし、その他の番組は、活動について、担当のディレクターが一から企画を作るため、取材に協力する必要があった。しかしながら、すべての企画がオンエアにつながるわけではなく、放送局の編成の都合や、被災地の状況の変化などにより、企画が消滅する場合もあった。さらに、企画が通っても、実際の取材協力には時間も手間もかかった。

ラジオは音声なので、構成が固まればインタビュー取材とスタジオでの収録くらいで済むため時間的な負担が少ないが、大変なのはテレビだ。7、8分程度の特集VTRでも、映像の収録には、必ず、ロケハンや撮影場所の事前の根回しなどが必要となる。しかも、当時の震災取材の現場では、あらゆるスタッフが時間に追われていた。東北と東京の往復を週に2、3回、くり返している人もいた。

そして、取材が進むと必ず出てくる問題が「取材可能な日程が限られている」ということだった。私は、取材を呼び込みたい一心で「取材先のコーディネートや根回しはすべてこちらでやります」と答えるようにしていた。

ゴールデンウィークには、以下のメディアが、木の屋のことを取り上げてくれた。

〈　〉内は、放送内容

4月29日「ワイド！スクランブル」（テレビ朝日系）〈経堂の街の支援〉
4月30日「サントリー・サタデー・ウェイティングバー」（TOKYO FM）
〈経堂の街の支援と下北沢の木の屋カフェ〉
5月2日「ゆうどきネットワーク」（NHKテレビ総合）
〈経堂の街の支援と木の屋カフェ、業務委託による製品製造準備の開始〉
5月5日「TOKYO MORNING RADIO」（J－WAVE）
〈経堂の街の支援と木の屋カフェ〉
5月6日「日刊みなと新聞」〈楽天スタジアム缶詰販売会〉
「ラジオビタミン」（NHKラジオ第一）〈経堂の街の支援〉

テレビとラジオの影響力は、やはり大きかった。ゴールデンウィーク初日、テレビ朝日系の「ワイド！スクランブル」は、首都圏中心のオンエア。終了直後から電話がひっきりなしにかかり、「木の屋石巻水産の場所を教えてほしい」という質問が多かった。番組を見て、ゴールデンウィーク中、石巻にボランティアに行こうと決めた人たちだった。東北には行けないけど、「さばのゆ」に缶詰を買いに行きたいという人も多かった。

「木の屋カフェ」は、オープン初日と翌日は常連客がほとんどだったが、TOKYO FMの番組のおかげで、5月1日から30代の女性を中心とした一見客が増えて賑わった。ゴールデンウィーク中、「さばのゆ」以外に、陶芸教室「まだん陶房」の前などでも洗う作業を行っていたので、「木の屋カフェ」にも缶詰をたくさん運び、茶沢通り沿いの窓辺に並べた。すると、店を訪れた人だけでなく、通りがかりの人たちが、金色に輝く缶詰に驚き、吸い寄せられるように店に入って来て、缶詰にまつわるストーリーを聞くと、必ず買ってくれるのだった。

その後も、メディアでの紹介が続いたため、店は賑わい、缶詰の売り上げも好調、ピストン輸送も円滑に進んだ。

「日刊みなと新聞」は、水産業の専門紙。記事の内容が〈楽天スタジアム缶詰販売会〉というのは、もちろん洗った缶詰の販売のことで、それは、4月の後半から石巻でも缶詰洗いが可能になったことを意味していた。

実はその頃、県外や石巻近郊に避難していた社員やパートさんが木の屋に戻りはじめて

陶芸教室「まだん陶房」の前で缶詰を洗う人たち。テレビや新聞で報道されるとボランティアの数が増え、経堂以外の場所まで缶詰洗いの輪が広がっていった。

いた。ほとんどの人が「もう会社は終わった」と思っていたが、自分たちが作った缶詰が工場跡地に埋まっていて、東京に運ばれてお金になっているという話を聞くに及ぶと、1人、また1人と缶詰を掘る仕事を求めて復帰したのだった。

はじめの頃は、旧・北上川の水を汲み、タンクに詰めてリヤカーで運び、その水で缶詰を洗い、水道水で仕上げ洗いを行い、仙台の販売イベントに持って行った。

また、「木の屋カフェ」には、海外からも取材者が訪れた。やって来たのは、アメリカ在住の、消費者行動の世界的な研究家であるジョン・ガーズマさん。木村社長と会って、経堂と石巻の助け合いの話などを聞き、その内容は、ピューリッツァー賞受賞ジャーナリストのマイケル・ダントニオとの共著に含まれた。日本では『女神的リーダーシップ』(プレジデント社)として翻訳、出版されている。

1杯1000円。全額寄付のラーメンも!

「ゆうどきネットワーク」では、ラーメン「まことや」のラーメンも紹介された。このラーメン、3月は750円だったが、4月に缶詰が経堂に届きはじめてからは、1杯1000円に値上げして全額寄付という復興支援ラーメンなのだった。この売り上げを店主の北井さんから受け取ったのは、5月17日のことだった。

「たくさん食べて頂いたので、トータル50万円集まりました！」全額寄付ということは、その分、店の売り上げが減るということだ。なかなかできることではないが、熱い男、北井さんらしい支援だと思った。

4月の後半から、イベントで缶詰を販売する動きが目立ってきた。演芸プロデューサーの木村万里さんは、下北沢のお笑いライブ「渦」で販売してくれた。ここでの売れ行きはすごく、午前中にまとめて買いに来たスタッフが、夕方になって「昼の部で売り切れてしまって」と、午後、再び夜の部用にまとめて買いに来た。また、木村さんのつながりで情報が広がり、「師匠に買ってこいと言われまして」と、立川志の輔さんのお弟子さんが駆け込んで来たこともあった。

「さばのゆ」の常連でもある寄席囃子の恩田えりさんは、彼女が参加する落語会の受付で、積極的に販売してくれた。

その後、落語会での支援も広まり、石巻の日和山で落語家になる決意をしたという経験を持つ「笑点」メンバーの林家たい平さんも木の屋を応援。「鯨大和煮缶」のラベルをデザインするなど、木の屋社員との親交も深めていった。同じく「笑点」メンバーの林家木久翁さんも、「クジラ食文化を守る会」にて販売を応援。のちにラベルのデザインも手がけた。

毎週末、木の屋の缶詰売場を設けてくれる道の駅などの施設も増えてきた。缶詰洗いに集まった人たちが、販売ボランティアとしても応援に駆けつけた。

モンスターボランティアがやって来た！

缶詰を買いたい人やボランティアをやりたい人が、ご近所だけではなく全国から大勢集まってきた。そのほとんどは善意の人たちで、活動を助けてくれるありがたい存在だったが、中には、困った人もいた。

当時私は、缶詰の販売、缶詰洗いの手配と段取り、支援物資の確保と輸送車と人員の手配、ブログやSNSによる情報の発信や問い合わせ対応、マスメディア取材の対応などに忙殺されていて、振り返ると、いつも時間はなく、心身共にギリギリだった。しかし、そんな時に限って、様々な「人災」が起きるのだった。当時は大変な思いをしたが、今となっては笑えるエピソードが多いので、昭和の深夜ラジオ風に「復興活動でこんな困った人がいた！」コーナー的にご一読頂きたい。

缶詰を購入する際のお金のやりとりについて、かなり変わった女性がいた。年齢は30代半ばくらい。缶詰を10缶購入したいというので、３０００円という値段を告げると、「震災復興で大切なのは、人と人とのご縁だと思います。なので私は、お代をすべて5円玉でお支払いいたしまーす！」と高らかに叫んで、中で小銭がジャラジャラ鳴る音がする布製の袋を取り出して、5円玉をカウンターに並べはじめたのだった。

「ご縁」と「5円」を掛けた言葉遊びで、袋の中には5円玉が大量に入っていることもわかった。気持ちがわからなくはない。しかし、問題は、時間がかかり面倒なことだった。３０００円といえば、5円玉６００枚。女性客は、5円玉を20枚積み重ねた１００円の塔30本を数分かけて建設した。

私とスタッフは、呆気にとられながら、缶詰10缶を渡した。その女性が、その夜、私に

Facebookの友だち申請をしてきたので、メッセージで「今後は、5円玉での支払いはご遠慮ください」と書くと、いきなりブロックされてしまった。

話の長い人にも困惑した。ゴールデンウィーク終わりの平日に来た70代らしい男性は、3缶を購入してくれた。「ありがとうございます！」とお礼を言って見送ろうとすると、急に近くにあった椅子に座って腕組みをして、私に「ここに座りなさい」と、椅子を指差した。並んでいるお客さんがうしろにいたので、「スミマセン。お客さまが待っていて、忙しいので」と言うと、突然、「わしは、小田原から来たんだー！」と絶叫し、続けて、「遠くからやって来たんだから話を聞いてもいいんじゃないか！」と、さらに剣幕が激しくなった。男性の言うとおりにせず、離れて立ったまま、「どうして、そんなに大きな声を出すんですか？」と聞いてみた。するとわかったのは、活動のことをテレビで見て感動したので、この話を本にまとめて出版したいということだった。地方公務員を勤め上げた年金生活者で、物書き業の経験がないこともわかった。話が回りくどく要領を得ないため、並ぶ客を待たせ、どんどん貴重な時間が過ぎていく。そしてついに、「作家になるのが少年の頃からの夢だったんだ！」と怒鳴りはじめた。そして、しばらくすると、何か捨て台詞を吐いて出て行った。

テレビに出て、うまくいっているイメージ（実際は、連日必死の作業の連続なのだが）が広がると、常識では考えられない言動をする人も集まってきた。

缶詰洗いのボランティアにやって来た30代の女性は、初めの2日ほどは静かに作業をしてくれていた。Ｆａｃｅｂｏｏｋの友だち申請が届いたので、承認した。すると、2日間で、「さばのゆ」と「木の屋カフェ」に来ている人たちとつながったようで、共通の友人が80名ほどいた。が、3日目の作業が終わり、夜、酒場営業に飲みに来た彼女は、すぐに酔っぱらい、昼間とは人が変わったように攻撃的になっていた。

私に向かって、突然、「この3日間、私が手伝ったから、今度は、あなたが私を手伝う番です！」と言いはじめたのには驚いたが、続けて「私が被災地の人を勇気づける歌を歌うプロジェクトをはじめたいので手伝ってほしい。そして、私をテレビに出して、有名にしてほしい！」と言うのにさらに驚いた。

私が、「木の屋のことで精いっぱいで、時間がない」と答えると、輪をかけて荒れた。長年の酒場経験から酒乱だと思ったが、今、どれほど忙しい時期かということをていねいに説明するうちに、悪態をつきながらも帰っていったので、ほっとした。

しかし、大変なのは翌日からだった。まず、午前中に届いたメールが物騒だった。「今朝、病院に行ったら、医者に精神病だと言われた。昨夜、あなたに人格を否定されたせいです。あなたと木の屋石巻水産を相手に裁判を起こすので覚悟しろ」というものだった。

そのメールを見た時点で、返信するのはやめ、関わりを持たないようにするしかないと判断した。が、その日から2週間ほど、彼女がFacebookの共通の友人たちに私と木の屋を誹謗中傷するメールを送り続けたため、友人たちへの説明やフォローに時間がかかり、肝心の支援活動が滞るということになった。


実話をあげればきりがないが最後に1つ。私が「恐怖のプリン事件」と呼んでいる事件がある。

あるバラエティ番組のプロデューサーが、「さばのゆのお客さんが木の屋の缶詰を食べながら飲んでいる様子を取材したい」と申し入れてきた。レポーターが有名芸能人で忙しいため、取材日時はピンポイントの指定だった。

営業日だったのと、やはり、全国に活動が知られるのはありがたく、取材をOKしたが、スケジュールが大変だった。なにしろ、レポーターが経堂に滞在できる時間が30分しかないらしく、ロケ車の中でのヘアメイクなどを考慮すると、ロケに費やせる時間はほとんどなく、「5〜10分くらい」ということだった。

当日、いい感じにお客さんがいたので、ロケの1時間ほど前にテレビの取材が来ることを説明して、映ってもいいかどうかの確認をした。すべてのお客さんからOKをもらったので、時間を気にしながらロケ隊の到着を待つ。

ロケ隊は、少し予定をオーバーしてやって来た。私がドアを開けて出迎えると、ディレクターが、「時間がないので、そのままお店に入ります」と言った。私は、1、2分前に、各テーブル、いい感じで木の屋の缶詰メニューがあったことを思いだし安心して、「よろしくお願いします」と伝えた。レポーターが店のドアを開けて中に入り、それをカメラクルーとディレクターが追いかけた。

店の外から、撮影は上手くいっているように見えた。が、次の瞬間、思いがけないことが起きた。まだ1分も経っていないのに、レポーター、カメラクルー、ディレクターが、憮然とした表情で出てきたのだ。

「どうかしましたか?」と私が尋ねると、「ちょっと見てくださいよ!」と声を張り上げて、ディレクターが店の中を指差していた。店に入ってテーブルの上を見ると、驚いた。お客さんが木の屋のサバ缶を食べながら楽しんでいるところを撮影に来たのに、テーブルの上にはサバ缶をはるかに上回る量のプリンが置いてあったのだ。

「サバ缶の取材に来たのに、なんでプリンだらけなんですか?」ディレクターは戸惑っている。「スミマセン!」あまりの想定外な事態に、状況がよくわからないまま謝り、急いでプリンを回収してカメラの死角に集めて置いた。

そして、「もう大丈夫です!」とロケ隊に伝え、店内のお客さんに、「スミマセン!プリンがあったので、もう一度、撮るそうです」と説明。さて、テイク2である。時間が押しているうえにハプニングがあり、残り時間は限りなくゼロに近いはず。ディレクターが間を置かず「いきます!」と合図をし、スタッフがまったく同じように店内に入り、今度こそ撮影は上手くいっているように見えた。が、次の瞬間、再び、スタッフ全員が出て来たのだ。

今度は、こっちが尋ねる前にディレクターが私に抗議をした。「まだプリンだらけじゃないですか!」と完全に怒っている。「まさか」と思い店内を見ると、信じられないことに、撤去したはずのプリンが、またテーブルの上を埋め尽くしているのだ。「本当にスミマセン！」私はとっさにディレクターとレポーターに謝った。動作は、かなり土下座に近かった。

「もう時間オーバーしてるんですよ！」隣にいる、タレントのマネージャーらしき人の口調は、かなり厳しい。

「スミマセン！　最後のチャンスで……」と口走りながら、私は猛然と店内に入った。

「誰ですか！　プリン！」今思うと、日本語の文法は、めちゃくちゃだったと思う。

「スミマセ～ン」と、蚊の鳴くような声がしたので振り向くと、時々、ボランティアに来てくれている中年女性が両手にプリンを持って、ペコペコお辞儀をして謝っていた。「この人が、プリンを撒いちゃうんですよ」という声が聞こえた。私は、その人が常日頃から「プリンのおいしいカフェを開きたい」と夢を語っていたのを思い出した。しかし、そんなことはどうでもいい。事態は1秒を争っていた。

「みなさん、プリンを隠してください！」そう叫ぶと、私は、近くにあるプリンをどんどんカウンターの内側に放り投げた。お客さんは、プリンをテーブルの下に隠してくれた。そして、視界からプリンが消えると、再びドアの外に走り出て、「もうプリンはありません！　お願いします！」と懇願した。ロケは、3度目の正直でうまくいった。

「被災地の支援がしたいんです」と言って来たにもかかわらず、活動にダメージを与える「モンスターボランティア」とでも言うべき人は意外に多く、震災後2、3年は、悩ましいことがたびたび起きたのだった。

缶詰に絵を描くデザイナーやイラストレーター

活動を妨害する人もいたが、やはり、応援してくれる人の数は圧倒的に多かった。テレビ番組で紹介されたのがきっかけで知名度が上がると、購入希望者も販売数も増えてきた。注文主は、北海道から沖縄までと全国に及び、海外に暮らす友人のお土産にしたいという人も。「木の屋カフェ」も好調で、下北沢に演劇鑑賞や買い物などに来た流れで缶詰を買いに来る人も多く、ある意味、観光地のようになっていた。

そして、面白いことが起きはじめていた。もともとデザイナーやイラストレーターなど、ビジュアルアートを専門とする常連さんが多かったのだが、ラベルのない缶詰に絵を描くのが小さなブームとなったのだ。黄金色の缶詰は、絶好のキャンバスだった（巻頭の写真参照）。毎日のように「木の屋カフェ」でのランチのあと、コーヒーやビールを飲みながら、思い思いに絵を描いて時間を過ごす人たちが訪れた。完成した、カラフルで楽しい絵入りの缶詰は、通りに面した窓際に並べられ、道行く人たちにアピールした。

その頃、店の前のテラスに出店のようなスペースを作り、絵入りの缶詰をたくさん売ってくれたのが、マジック「ナポレオンズ」の「あったまグルグル」で有名な、パルト小石さんだった。ていねいな接客が特徴の小石さんは、多い時には、週に2、3回やって来て、缶詰のストーリーを伝えながら、一つ一つていねいに義援金と交換するのだった。「木の屋カフェ」のある北沢3丁目界隈は、ひとり暮らしの老人が多く住む地域でもあるが、小石さんが根気よく話を聞いてくれるので、缶詰を買いに来てくれるおばあさんが多かったことが印象深い。

下北沢「木の屋カフェ」前で缶詰を売るパルト小石さん。物腰のやわらかい小石さんと話しがしたくて近所のお年寄りが集まり、缶詰を買っていってくれた。

第3章
つながる広がる応援の輪

泥だらけの缶詰が全国の復興支援イベントで大人気

メディア露出のおかげで、ゴールデンウィーク中は、石巻を目指すボランティアの数が非常に増え、工場跡地の缶詰掘りと洗いの作業にも拍車がかかった。水道が復旧したエリアが増えたことで、石巻でも缶詰洗いが可能となったのは大きな進歩だった。4月中は、経堂、石巻での缶詰洗いの成果は、週に1000缶から1500缶くらいだったのが、5月に入ると1万缶を超える週もあった。1万缶を300円と交換すると単純計算で300万円となる。1ヶ月で1200万円。震災前に心を込めて作った缶詰を原資として、木の屋は企業活動を再開したに等しい状況にまでなってきたのだった。

前述した、①缶詰の確保（もっとたくさん缶詰を掘って洗う）がクリアされると、次は、②販売数の増加（販路の拡大、売り方の工夫）のレベルアップが大切だった。

ゴールデンウィーク中のテレビやラジオの報道で我々の活動を知ったメディア関係者から毎日のように電話が入り、そのすべてに対応した。打ち合わせの結果、取材が成立したたりしなかったりはあったが、成立した場合は、取材先のアポ取りや撮影の交渉をはじめとしたロケの裏方を引き受けた。連休後のメディア露出の事例は、以下のとおりである。

5月11日「下北沢経済新聞」〈「木の屋カフェ」〉
16日「東京新聞」〈缶詰洗いと「木の屋カフェ」〉
18日「房総時事新聞」〈木更津での缶詰洗い〉
19日「朝日新聞（夕刊）」〈経堂の缶詰洗いと「さばのゆ」の活動〉
19日「日刊水産経済新聞」〈水産業復興シンポジウム〉
20日「めざましテレビ」（フジテレビ系）〈お台場の缶詰販売イベント〉
「スーパーJチャンネル」（テレビ朝日系）〈経堂の缶詰洗いと「木の屋カフェ」〉
21日「朝日新聞　宮城県版」〈経堂サバ缶〉
22日「ニュース」（テレビ朝日系）〈経堂の缶詰洗い〉
23日「ニュース」（ラジオ日本）〈経堂の缶詰洗い〉
24日「はなまるマーケット」（TBS系列）〈経堂の缶詰洗いと個人飲食店の缶詰メニュー〉
「日刊水産経済新聞」〈めざマルシェイベント〉

25日「長崎新聞」〈木の屋長崎缶詰販売会〉
6月8日「Nスタ」（TBS系列）〈経堂の缶詰洗いと「木の屋カフェ」〉
「news every.」（日本テレビ系）〈経堂の缶詰洗いと個人飲食店の缶詰メニュー〉
テレビ「クローズアップ現代」（NHKテレビ総合）

ゴールデンウィーク後、全国放送のテレビや新聞の全国版に取り上げられたことは、かなりの追い風になった。「朝日新聞」、「はなまるマーケット」（TBS系列）、「news every.」（日本テレビ系）、「クローズアップ現代」（NHKテレビ総合）などは、特に反響が大きかった。新聞の配達時間、テレビのオンエア時間が過ぎると電話がかかってきて、大半が「石巻の缶詰工場のために何かしたい」という内容だった。

その頃、増えてきた注文の特徴は、大量買いだった。もともと地方発送は、段ボール箱1ケース24缶を単位としていたが、一度にたくさん買ってくれるお客さんが増えてきた。全国で復興支援イベントが盛り上がり、「洗った缶詰を売って、売り上げをそのまま義援金としたい」という問い合わせが相次いだ。音楽をはじめとした各種ライブや落語会、フリーマーケット、演劇、アート展などでも、缶詰を売ってくれる人が増え、箱買いする人たちが毎日やって来た。

私が電話を受けた中には、こんな案件もあった。「娘の結婚式の引き出物に缶詰を使いたいので、100缶ほど送ってほしい」「高校卒業50周年の同窓会があるので200缶ほど送ってほしい」など。

他に意外なところでは、千代田区の東京會舘にて行われた落語立川流の落語家・立川キウイ真打披露パーティにも、お土産として洗った缶詰200缶と宮城の日本酒のセットが配られた。これは、震災前から木の屋の鯨料理とのコラボ落語会を開催していた立川談四楼師匠の心づかいだった。

震災前からつながりのあった全国の人たちも積極的に缶詰を売ってくれた。九州では福岡県が熱かった。北九州市では、小倉を代表する繁華街・鍛冶町のワインバー「KEN'S WINE」の小川研次さん、小倉駅北口「カフェカウサ」の遠矢弘毅さんが缶詰を仕入れて酒の肴として売ってくれた。久留米では、久留米の街おこしにも力を注ぐ豆津橋渡さんが、イベントでの販売を積極的に行ってくれた。

大阪では、コピーライターの西林初秋さんが、肥後橋のバー「立山」を週に1度の復興バーとしてイベント営業を行った。辻調理師専門学校の協力による缶詰料理が人気で、6月後半に約56万円の寄付金を木の屋に贈った。

奈良では、「CAFE WAKAKUSA」や、「国際ソロプチミスト奈良-まほろば」のみなさんが、洗った缶詰を引き取って販売してくれた。

ゴールデンウィークから夏にかけては、野外の音楽イベントが盛り上がる時期。そこでも、木の屋の缶詰を売る支援の輪は、北海道から沖縄まで全国に広がった。

6月8日にオンエアされた「news every.」(日本テレビ系)の特集は、経堂の缶詰洗いと個人飲食店の缶詰メニューがテーマだった。取材に来たのは、ジャニーズ、「NEWS」の小山慶一郎さんで、この反響も大きかった。小山さんは、親身になって震災前からの話を聞いてくれたうえ、一緒になって缶詰を洗い、近所のダイニングバー「EL SOL」のサバ缶料理を食べてくれた。移動の途中、近くの女子高の下校時とぶつかり、女子高生集団の「キャー! 小山くんだ!」という絶叫が経堂駅北口に響き渡った。

特集がオンエアされた翌日から、若い女性たちが、洗った缶詰を買いに「さばのゆ」に押し寄せた。番組に出た飲食店を巡る女性の2人組も現れるなど、ジャニーズファンの行動力にも恐れ入った。

初仕事が缶詰掘り、取引先での入社式～さちとかなの物語 1

「クローズアップ現代」では、木の屋の2011年度採用の新入社員のことが紹介された。高校を卒業したばかりの、小山幸と平塚可直子は、3月初旬、地元で有名な木の屋石巻水産の入社を控えて、4月からの社会人生活に期待を膨らませていた。しかし、2人の夢を打ち砕いたのが津波だった。

被災した2人は、避難生活を余儀なくされた。毎日の暮らしが精いっぱいで、海の近くにあった会社は津波でなくなったと思っていた。そんな2人が、缶詰を掘って洗う作業により復興活動をはじめた木の屋に、予定よりも1ヶ月半遅れて入社する様子が全国に流れた。入社式は、被災を免れた取引先の会議室で行われた。

私は、そんな2人に会ったことがある。社内での愛称は、さちとかな。その時の話をまとめてみる。

さちとかなは、2人とも東松島市出身。学校も同じ石巻市立女子高校。在学中、互いに顔は知っていたけど話をしたことはなかった。木の屋に興味を持ったのは求人票を見たから。進路指導の際に「自宅から離れたくない」と相談すると、担当の先生が木の屋さん押しだった。「先輩がすでに入社して良くしてもらっている」ということで、就職試験を受けることにした。第一印象は、面接の時に会社も人もアットホームな感じがいいと思った。

さちは、震災発生時、自宅にいた。

「あの時は、家が壊れるかと思いました。ミシミシいって怖かったです。うちの周りは警報機自体が壊れてしまったので、津波警報はなかったんです。軽自動車に乗って逃げました。高校の卒業式が3月1日で、それから、4月からの通勤に備えて運転の練習をしていたんです。最初は、学校のある石巻の日和山まで行こうと思ったんですけど、途中の橋が壊れていたので、東松島に引き返して来ました。あの時は、津波が来るっていう意識がなかったです。来るとしてもすぐ来るとは思わなかった。引き返すと、近くの小学校に人が集まっていたので、車を停めて3階に避難したら、すぐに津波がやって来たんです。外を見たら、自分の車が流されていくのが見えました。間一髪で助かったと思います。でも、まだ人がたくさん集まっている途中で、逃げ切れなかった人も大勢いたと思います。自宅は流されてしまいました。近くの大曲浜の陸に船が乗り上げた映像を避難所で見ましたが、ショックでしたね」

その時、かなも自宅だった。

「家が壊れるかと思ったので、外に出ました。近くの避難所が見えたので、そっちに向かったのですが、津波が来た！　という声を聞いて、海のほうを見ると黒いザワザワした物が近づいて来るのが見えたんです。ヤバイと思って、近くにいた小さな子どもを抱きかかえて、夢中で山に逃げました。その夜は、一緒に避難した人たちとたき火をして過ごしました。自分の家は、庭まで津波が来たので、親戚の家に避難しました」

多くは語らないが、さちもかなも、震災の修羅場を体験したのだ。

避難生活を送る2人に、3月下旬に木の屋の社員から安否を確認する電話があった。しかし、2人とも苦労だらけの避難生活の真っ最中で、その日を生きるのがやっと。服も、大半が流されてしまってないという状況だった。特にさちは、東松島市のコミュニティセンターの避難所にいたが、1室に5家族が詰め込まれるという環境。何もゆっくり考える時間がないまま、自分が木の屋の内定をもらっていたことも忘れそうな状態で時が過ぎていったという。

「それが、5月に入って会社から電話があったんです。入社式をするから明後日来てほしいと言われました」と、さち。

津波ですべてを流された木の屋だったが、メディアに取り上げられ、全国的な注目を集めていた。そのため、缶詰の需要が急増し、石巻でも泥まみれの缶詰を洗う作業が本格化。ボランティアも集まりはじめていたが、とにかく人手が足りない。そこで、新入社員を迎え入れることになったのだ。

「電話をもらった時は、働けるのがありがたくて、安心しました。でも、会社が港の近くにあるとわかっていたので、大変だろうなと。それなのによく受け入れてくれたと思うと、嬉しかったです」と、さち。

「でも、服の種類がなかったので、何を着ていけばいいのかとか、悩みました」と、かな。

入社式の日、木村社長が訓示を述べ、晴れて2人は木の屋石巻水産の社員となった。その模様はNHKのカメラに捉えられ、全国に伝わった。

「入社式の時も、働けるのかな？　これからどうなるんだろう？」と思っていた2人の初めての仕事は、缶詰掘りだった。缶詰を掘って洗う現場は、マスクにジャージ姿のため、

暑くなってくると、爆発する缶詰も……。倉庫跡地で缶詰を掘る社員たちは、臭いや埃に悩みながら缶詰の山との格闘を続けた。

誰が誰かはわからない。臭いもきついし、泥の中から缶詰を掘り起こす時に土ぼこりが大量に発生するなど、労働環境は劣悪だった。隣り合った人と談笑しながら作業する余裕もない。おまけに、毎日、ボランティアの人も入れ替わる。

「事務所も何もない状態での仕事なので、社員同士の交流もなく、もともといた社員の方にも『誰だろうこの子たち？　ボランティア？　よく見るな』と思われていたはず。私たちもはじめの数ヶ月は、誰もわからなかった。でも、そんな状況でも働けるということ自体が嬉しかった。仕事があることが家族にもプラスですし。お昼は、おにぎりを持っていって、缶詰を開けておかずにすることもありました」

「缶詰は、どれも美味しかったです。この会社に入って良かったと思った」

そう言って、さちとかなは、懐かしそうに、嬉しそうに目を見合わせた。

「泥まみれの缶詰」から「希望の缶詰」へ

私が「何かが大きく変わった！」と感じたのは、震災から3ヶ月が経った6月11日のことだった。その日、支援物資の集荷などの作業をしていると、昼過ぎに1本の電話が。声の主は、長野県松本市にある瑞松寺の茅野住職で、切り出したその内容に驚いた。

「実は、今度、寺の祭りで、そちらの石巻の缶詰を売りたいのですが、4000缶送っていただけますか？」聞いた瞬間、数字が頭に入ってこなかったのを覚えている。「ありがとうございます。えーと、いくつ、ですか？」と聞き返した。住職は、ゆっくりと「よ・ん・せ・ん・か・ん、です。大丈夫ですか？」と念を押した。

それまで、一度の注文の最高個数は200缶程度だったから、ケタ違いの数字に脳がついていけなかった。とりあえず私は、「4000缶ですね。大丈夫です」と答えて、送付先と電話番号を確認して、深くお礼を述べて電話を切った。4000缶といえば、120万円である。その金額には、かなりテンションが上がった。

電話を切ってすぐ、この案件を松友さんに伝えると、彼も驚いて、石巻に伝えた。すると、副社長率いる現場の社員たちの士気も相当上がったようだった。

泥まみれの缶詰を洗って売る活動をはじめてから2ヶ月が経過していた。ずっと目の前のことに夢中だったし苦労もあったが、振り返ると明るい変化が出てきていた。ゴールデンウィークには、缶詰を掘るボランティアが石巻を訪れ、各地で販売イベントが行われ、1週間に集まる義援金の額は100万円台を突破し、200万円を超える週もちらほらと出てきた。5月の半ばを過ぎると、震災前の商品復活の話も出はじめ、会社としての未来を意識できるようになってきた。

そして6月。4000缶の注文あたりから、何かが大きく変わった。缶詰を欲しいという声はさらに全国に広まり、販売箇所も増え、缶詰を掘って洗う社員に支払える金額も少しずつ大きくなってきた。すべてが、工場跡地から掘り出し、洗った缶詰を軸に進行しているのだった。

そして、その頃、誰ともなく、洗った缶詰を「希望の缶詰」と呼ぶようになっていた。名前の由来については、東京のJR駅構内で販売をしていた生産者直売のれん会が、売り場のPOPに「希望の缶詰」と書いたのが最初という人がいたり、千葉県内の道の駅が最初という説もある。

実は経堂でも、同じ時期に缶詰を売るためのPOPに「奇跡の缶詰」「希望の缶詰」という表現を使いはじめていたのを覚えている。誰が「希望の缶詰」と言いはじめたのかは正確にはわからないが、1つ確実に言えるのは、その頃、工場跡地から掘り出し洗った缶詰に「希望」を感じる人が、同時多発的に増えていったということだろう。「希望」の文字を得た缶詰は、さらに力強く木の屋の復興を進め、同時に、東北復興のシンボル的な存在にもなっていくのだった。

「うちの工場を使ってください」手を差し伸べた九州の会社

「いやー、実は、津波で缶詰のレシピを失ってしまったんです……」

松友さんが、「さばのゆ」で缶詰を洗いながらそう言ったのは、活動がはじまって間もない4月最初のことだった。どんな食品メーカーでも飲食店でも同じだが、味の設計図であるレシピは、もっとも重要な知的財産である。これらをすべて震災で失ってしまったというのは深刻だった。

「震災前の木の屋では、段ボールにマジックで書いたものがレシピでした。デジタルデータでの保存もないので、震災前の味を取り戻すとなると、取引先に提出していた商品仕様書や、タレ作りの担当者、経験者の記憶をたどりながら、手探りでレシピを復旧させるしかないですね」

そう聞くと、私も重い気持ちになってしまった。が、続く言葉には希望が見えた。

「あ、でも、1つだけ残っていると思います」

そのレシピは、松尾貴史さん監修の鯨カレー缶、「スパイシー鯨術カレー」のレシピだった。レシピがやや複雑で、製造工程や使用する原材料の調達が難しく、他社に製造を依頼していたため、レシピが残っていたのだ。

そのカレー缶は、洗う缶詰の中にも、時折、発見された。開けて、スープカレーに近いサラサラした中身を温めて食べてみると、スパイスの風味と鯨肉のコクがマッチした素晴らしいカレーだった。口に含むと旨味を発散しながらホロホロ崩れる鯨肉は、高級部位として知られる須の子(すのこ)を使用していた。

「本当に美味しい缶詰ですから、OEMで作れるといいですけどね」と、私がなんとなく口にすると、「原料があれば、考えられると思います」と返ってきた。

OEMとは、他社の製品を製造する行為、または、それを請け負う企業のことである。よくスーパーやコンビニなどでオリジナルの缶詰やレトルトなどのプライベートブランド商品があるが、それらの商品は、ほぼすべてがOEMによって製造された物。木の屋の味を再現できる原料とレシピがあれば、震災前の商品の復活が理論的には可能なのだ。

「鯨カレーは、可能性がありますね。牡鹿半島の捕鯨基地・鮎川は、震災で壊滅状態ですが、弊社の鯨大和煮は、東京の勝どきにある共同船舶さんから買っているんです。だから、鯨に関しては、原料はあります」。そして、カレーといえば、レトルト商品が多い食品である。「レトルトとか、どうなんでしょうか？ 同じ保存食ですし」と、私が素人意見を出すと、「可能性はあると思います」と淡々と理知的な返事が戻ってきた。

それから数日後、缶詰を洗ったり、メディア取材の問い合わせ対応をしていると、松友さんが話しだした。

「実はこの間、須田さんとレトルトカレーの可能性の話をしてから、OEMを受けてくれそうな工場のある会社をいくつか当たったんです。すると、佐賀県に佐賀牛のレトルトカレーを作っている宮島醤油さんという会社があり、そこが、被害を受けた弊社に理解を示してくれて、『うちの工場のラインを使ってもいい』と言ってくれてるんです」

素敵なオファーだと思った。その2、3日後、松友さんは佐賀へと飛んだ。経堂に戻ってくると開口一番、「かなりいい条件で、レトルトの鯨カレー、試作してもらうことになりました！」と嬉しそうに報告をしてくれた。

早ければ、ゴールデンウィークの前に試作第一弾が届くという。震災前に作った缶詰だけでなく、新しく製造する商品でも商売を再開できるかもしれない。新たな希望に満ちた流れだった。

復興第一弾は松尾貴史さんのレトルトカレー

佐賀の宮島醤油の支援を受けて、レトルトカレー復活の計画が動きだした。工場がない状態だが、新しく自社製品を製造できることは復興の大きな一歩だと思った。そして、やはり大切なのは、この商品を広く知ってもらうことだった。私は、メディアから取材の問い合わせが入るたびに、この話を聞いてもらった。一番興味を持ってくれたのは、ＮＨＫの宮本記者だった。愛媛県出身で、父親が水産関係の仕事ということで、そちら方面の知識が豊富。水産業の被害に心を痛め、三陸の被災地と東京を忙しく往復していた。

ゴールデンウィークの前に、宮島醤油の東京事務所に試作第一弾が届くことを伝えると、はじめての試食と打合わせをする様子、さらに、試作品を「木の屋カフェ」で提供して一般客の反応を見るところを取材したいとなった。

取材日は、4月27、28、29日。28日に試作品が佐賀から届き、29日がカフェのオープン日ということで、たまたまタイミングが合った。

5月2日、「ゆうどきネットワーク」（NHKテレビ総合）がオンエアされると、また大きな反響があり、電話が鳴り続けた。「缶詰を売ってほしい」「買いに行きたい」「ボランティアを募集していますか？」という質問も多かったが、一番は、「あのレトルトカレーはどこで買えるのか？」というものだった。

「スパイシー鯨術カレー」がレトルト食品として復活する可能性が高まっていた。その時に私が考えたのは、パッケージを2種類にすることだった。1つは、経堂のイベントで選ばれた、いたばしともこさんデザインのパッケージ。こちらは、経堂ローカルでの販売を行う物とする。もう1つは、通販やイベントやスーパー、百貨店など、全国で販売する物。こちらは、初めて見る人にも「美味しそう！」と思わせるインパクトが必要だった。

できれば、パッケージデザインの経験豊富なデザイナーさんに手がけてもらいたいと思い、コピーライターの後藤国弘さんに相談をした。後藤さんとは、2003年から、春風亭昇太さん、松尾貴史さん、パルト小石さん、コピーライターの鵜久森徹さんたちと共同で、世田谷の駒沢駅近くにバーを経営する間柄だった。有名な広告賞を数多く授賞し、業界内の信頼も厚かった。

後藤さんは、映像制作のロケ車ドライバーの小池洋司さんたちと、4月の初旬から石巻へ支援物資を届ける活動を手伝ってくれていた。石巻からの帰路、缶詰を毎週のように届けてくれるから、顔を合わせることが多かったのだ。東北の支援に身体を張る後藤さんは、私の相談に好意的に乗ってくれた。

「復興第一弾の商品なわけだし、このデザインはとっても大事だと思うんだよね」

後藤さんは、石巻に通ううちに、東北の復興に尽力する、鍛錬家の山本圭一さん、伊藤忠商事出身の立花貴さん、キッザニア出身の油井元太郎さんらと知り合い、石巻市内でも特に被害が大きかった雄勝地区の復興に取り組みはじめていた。忙しい後藤さんだったが、時間を作って打ち合わせを重ねてくれた。

夏には冷蔵庫を運び巨大化するハエとの戦いが……

3月後半から多忙を極め、経堂を離れることができなかった私が、石巻に入りはじめたのは、ゴールデンウィークが明けてからだった。

まず驚いたのは道路だった。東北自動車道は、福島県に入ったあたりから道が悪くなり、地震による亀裂を応急処置した箇所も多く、ドライバーである石川さんの運転技術をもってしても、時折、車に軽い衝撃が走りヒヤッとした。

三陸自動車道の石巻河南インターを降りた時の驚きは、あたり一帯に漂う、魚の腐ったような臭いだった。それが、港に近づくほどにキツさを増していく。経堂に届く泥まみれの缶詰の臭いも強烈だったが、石巻の街の臭いは、次元が違った。車は、木の屋があった魚町を目指したが、途中、ナビの誤りで、なぜか門脇地区に迷い込んだ。

そこは、旧・北上川右岸の河口に隣接した海沿いの街で、建物はほぼ壊滅状態。もっとも被害がひどかった地区の1つだ。道路のガレキは撤去されていたが、ほとんどの建物は土台しか残っていない。日和山の斜面には、たくさんの自動車が打ちつけられたまま、虫の死骸のように張り付いていた。

1階を完全に津波に破壊され、ボロボロの状態で立っている家があり、玄関に進入禁止のマークが貼られていたが、それは、まだ中に行方不明者がいるということだった。あまりの生々しさに言葉も出ず、スマホで撮影する気にもなれなかった。

私たちの車の荷台に積んでいる物資は、保存食や日用品もあったが、メインは、なんと冷蔵庫だった。

東北の遅い春もようやく過ぎ去り、季節は初夏へ移り変わろうとしていた。普通なら、温暖な5月は気持ちが開放的になる時期なはずだが、震災後の石巻は、夏を前にして緊張感が高まっていた。海に近い地域では、1階にあった家財道具がすべてダメになったというケースが多かったが、その中の1つが冷蔵庫で、食中毒などが怖い暖かい季節に必要不可欠な物だった。

石川さんの友人から借りたサニートラックで、東京じゅうを走り回って集めた冷蔵庫は、「さばのゆ」の前と石川さんの自宅に置いていた。一時期、石川さんの自宅1階は、大小の冷蔵庫が林立する中古家電店の倉庫のようになっていて、足の踏み場もなかった。

5月から7月にかけては、冷蔵庫を積んで経堂―石巻間を10往復ほどした。ある時は、東松島の高台の仮設住宅へ。またある時は、石巻専修大学そばの仮設住宅へ。冷蔵庫は、どこに持っていっても大歓迎された。

その頃の石巻は、車不足も深刻だった。物資の輸送、人の送り迎えなど、ガレキが残る被災地で役に立つのは、小回りが利き、荷台のある軽トラック。木の屋も輸送用の軽トラックが足りない状況で、一度、「さばのゆ」のお客さんに寄付して頂いた日産サンバーを届けたことがある。石巻市内に入り、幹線道路沿いの中古車センターが気になり見てみると、通常なら30万円ほどで売っている車の値段が釣り上がり、中には、100万円を超えている車もあった。困っている被災者の足元を見て商売をする業者に腹が立ったが、資本主義の本質を見た気もした。

5月半ばを過ぎると、新たな問題が登場した。それは、ハエだった。それも普通のハエではない。人差し指の爪くらいに巨大化したハエの大量発生だった。

もともと石巻の漁港のあるエリアには、水産メーカーの倉庫が多かったため、震災後、電源喪失した冷蔵庫の中の食品や原料の腐敗が問題となっていた。それが、ハエにとって

夏が近づくと、なんとハエが巨大化して異常発生。食中毒が増える季節なのに、石巻には冷蔵庫が足りなかった。東京で集めて、毎週のようにトラックで運び、歓迎された。

は最高の生育環境だったのだ。

「ハエが大量に発生して、しかもデカイんです！」鈴木さんからSOSをもらったので、とりあえず、ハエ取り関連商品をたくさんホームセンターで買って、石巻に運んだ。しかし、現地に着くと、自分の考えが甘かったことを思い知る。

車を降りたとたん、あたりを飛び回っているハエの大きさと数に驚いた。急いでハエ取り紙を設置してみると、市販のハエ取り紙は、設置してものの数十秒で、真っ黒になり使えなくなってしまうのだ。周囲のハエは減る気配がない。焼け石に水とはまさにこのことで、まるでテレビで見たアフリカの難民キャンプのようだと思った。

取っても取っても取り尽くせない。2回目からは作戦を変えて、問屋やホームセンターで網戸用の網を何十m単位で購入して運んだ。網戸は、缶詰洗いの現場や、昼食をとる休憩室などをハエから守るために使われ、近所の家にも配られた。ハエの捕獲自体は、その後、簡単で安価なペットボトルを使ったハエの捕獲器が普及して活躍した。

震災から2ヶ月。津波の傷跡は深刻だったが、工場跡地には、木の屋の人々が缶詰を泥の中から掘り返し、明日に向かって立ち上がる姿があった。

「この時期の木の屋と石巻を記録しておくのは意味があるのでは」という話になり、また後藤さんに相談すると、写真家の佐藤孝仁さんが石巻に向かってくれることになった。

写真だけなら、私か誰かがスマホやデジカメで撮ってもいいのだが、わざわざ後藤さんに相談したのは理由があった。5月の石巻には、まだ壊滅的な震災による死のイメージが街全体に漂っていたからだ。もちろん、スマホの画面をタッチすれば、機械が勝手に画像を写してくれる。しかし、当時の被災地では、人も風景も缶詰も何もかも、被写体が体験した絶望の色が濃く、よほどの覚悟と技術がなければ、被写体に対峙する本物の写真を撮れないと感じたのだ。

佐藤さんは、5月18日、午前10時から、工場跡地の様子、働く人々、港近くの風景、そして、泥にまみれた缶詰と洗った缶詰を撮影してくれた。木の屋の作業場のあった水産ビル前で準備をするカメラアシスタントたちの緊迫した表情、そして港を目指して撮影に向かう佐藤さんの後ろ姿は、忘れられない。

それらの写真は、その後、木の屋の復興活動を伝えるイベントなどで、多くの人の気持ちを動かしていった。

「さばのゆを追い出せ！」爆発する缶詰と嫌がらせの日々

気温が高くなってくると、前述のハエの問題以外にも悩ましい出来事がいくつか発生してきて、もっとも深刻だったのは、泥の中に埋まり続けている缶詰の腐食だった。

東日本大震災では、被災地の海岸沿いで広く地盤沈下が見られた。海から近い木の屋の跡地も、震災前と比べると標高が下がったため、高潮の時間になると海水がひたひたと迫って来るようになった。

平均3％の塩分を含む天然の海水は、非常に腐食性が強い。津波でも壊れなかった頑丈な缶詰だったが、ガレキと泥に埋まったままの状態が3ヶ月も続くと、津波に巻き込まれた際にできた小さな傷口にサビが発生しはじめる。そのまま放置していると、サビはさらに拡大して、ごくまれに缶詰の中に空気が侵入、腐食ガスが発生して缶の中が異常な高圧となり、フタを破壊して爆発することがあった。

工場跡地では、6月に入った頃から、缶詰の爆発が見られるようになった。確率としてはかなり低く、週に1、2回ほどだったが、そのため、洗って乾かした缶詰の検品に力を入れるようになっていた。

一度、ツイッター上で「缶詰が爆発した！」という書き込みを発見した時は、大いに焦った。ようやく、洗った缶詰を通じて復興の糸口が見えてきたところであり、ここでネガティブな情報が広がると困る。すぐにそのアカウントをフォローすると、フォローを返してくれたので、間髪いれずダイレクトメールを送り、丁重に缶詰の不良を詫びながら製品の取り替えを提案して、ツイートを削除してもらうことに成功した。ツイート主が良い人で本当に助かったが、缶詰爆発の情報や動画が広がり、週刊誌などのメディアにゴシップ的に取り上げられでもしたらと思うと、今でもゾっとする。

缶詰の爆発と同じ時期、もう一つ問題が起きていた。それは、「さばのゆ」への心ない嫌がらせの電話だった。通常の電話は、缶詰の注文か支援の申し出、もしくは、落語会などのイベント情報の確認で、穏やかな声の主が多かった。が、週に2、3本の嫌がらせの電話は、テレビの報道番組で見る「ヤクザの借金取り立て」のような口調で、いきなり怒鳴りつけてくるものが大半だった。

「テレビで見たけど、おたくの店の缶詰、臭いんだよ！」「てめぇの店、うるせえんだよ！　消費生活センターに言って、営業できなくしてやる」「テレビに出たからって調子に乗るなよ！　経堂じゅうがお前のこと嫌いなんだ！　バーカ！」などなど、いろんな種類の罵詈雑言を体験した。

それに対する私は、「津波で流されてしまった会社の復興をみんなで応援しているんです。ご理解頂ければ」と言うしかなかった。が、こちらが冷静になればなるほど、この手のタイプは激高する。そして、相手が汚い言葉を積み重ねるほどに、貴重な作業の時間が無駄に過ぎてゆくのだった。ただでさえ忙しいのに、それは苦痛だった。

「石巻の缶詰が臭うから、さばのゆを立ち退きにしろ！」と、FAXを送ってくる人もいた。ちなみに、発泡スチロールのケースに入った泥まみれの缶詰は、近くにいると臭いはするが、少し離れると大丈夫で、近隣のビルや住宅に臭いが届くことは、一切なかった。無視していると、送り主の要求は理不尽なものになっていった。

一番呆れたのは、「立ち退かないのであれば、臭いが周辺に影響しないように防臭壁を作れ！」と恫喝する内容だった。FAXの送り状に続く2枚目は「防臭壁」の設計図、3

枚目は見積り。見積りの総額は９００万円台という高額で、最後に「この会社に発注するように」と、ある建設会社の名前と住所、電話とＦＡＸの番号が書かれていた。そして、その番号は嫌がらせのＦＡＸの送信元と同じ。その建設会社の社長がクレーム主だったという、リアルなブラックコメディだった。

第4章

工場再建で奇跡の復活

缶詰を掘り尽くし、震災前の商品が続々と復活

6月に残り2、3万缶と思われた泥の中の缶詰だったが、枯渇することなく週に1万個以上のペースで掘り出され、8月末には、ついに掘り尽くされた。その後、10月末に洗い尽くされ、12月末に売り尽くされる。最終的に合計22万缶が、1缶300円で義援金と交換され、社員の生活費や石巻市への義援金となった。

この一連の流れを通じて、木の屋にもたらされたのは、次の2つだった。1つは、震災前に製造した商品を元に利益を上げられたこと。次に、作業のために社員が戻って来て、現場のチームワークを復活できたこと。あたり前のようだが、会社というものは「儲けてなんぼ」であり、「人と組織」があるから機能する。木の屋は、震災後数ヶ月にして、会社の土台を取り戻したことになる。

2011年も終わりに近づき冬になると、他社の工場の協力を得て、震災前の商品が復活しはじめた。「岩手缶詰」の岩手町工場では「鯨大和煮」を皮切りに「長須鯨大和煮」

「鯨須の子大和煮」が、下関の「東冷」では「鯨ベーコン切り落とし」の製造が開始された。2012年秋には、「三洋食品」石巻工場にて、サバ缶の製造がはじまり、製造ラインには、木の屋の社員も入った。

商品開発担当の松友さんは、「木の屋カフェ」の運営のかたわら、協力工場に出張をくり返し、レシピの復活に尽力していた。

「取引先に提出していた商品仕様書や、タレ作りの担当者、経験者の記憶をたどって、手探りで、一つ一つレシピを復旧しています」そんな地道な作業の甲斐もあって、工場はないながらも、新しい缶詰の製造がスタートしたのだった。

グラフィックデザイナーの佐藤卓さんがロゴを制作！

ガレキと泥の中から掘り返して洗った金色の缶詰は、不思議な魅力が宿る物体だった。

津波という修羅場をくぐり抜けたせいなのか、掘り返した人、洗った人の思いが込もっているからか、一つ一つに比類のない力強さと美しさがあった。

木の屋の支援には、そんな缶詰そのものに魅せられて参加する人も少なからずいた。2011年6月、後藤さんから聞いた話は、とても印象深かった。

「昨日、仕事の打ち合わせで佐藤卓さんに会ったんですよ」と後藤さんは、いつもながらの人懐っこい笑顔で切り出した。佐藤卓さんは、日本のデザイン界の第一人者で、当時、Eテレの「にほんごであそぼ」も話題で、NHKテレビ総合の「プロフェッショナル」にも取り上げられている。

「打ち合わせが終わって雑談していた時に、カバンに入れていた洗った缶詰を見てもらったんですよ。そしたら卓さんが、大きく凹んだ缶詰を握って、『はじめて津波をリアルに感じた』と言ってくださって。その言葉がとても印象的で」聞いている私にも何かが伝わってきた。後藤さんは、その後、金色でラベルのない缶詰にまつわるストーリーを佐藤卓さんに話したという。

「震災前からの経堂とのつながりのことから、津波のこと、掘り返して経堂に持ってきて洗ってきたこと、ひととおり話したら、深いところで感じてくださったみたいで」当時、松尾貴史さんのレトルトの鯨カレーのパッケージを考えはじめる時期に差しかかっていた。

「佐藤卓さんにデザインをお願いするのは難しいでしょうか？」と、無理難題を承知で言うと、後藤さんは、しばらくの沈黙のあと、「そうなると素敵だね」とだけ答えた。しかし、佐藤卓さんといえば、「明治おいしい牛乳」のパッケージなど、その仕事は広く知られているものばかりで、今回のデザインを引き受けてくれるのは難しいだろうと思えた。それでも後藤さんは、こう言ってくれた。

「卓さんのところのデザイナー、日下部昌子さんが友だちだから、相談してみるよ」


そして数日後、後藤さんから連絡があった。

「卓さんが木の屋さんのことに興味を持ってくれてるそうなんだよ。一度、松友さんと一緒に銀座の事務所に行ってみようか？」そのことを松友さんに告げると、信じられないという目をして頷いた。

翌週、銀座の佐藤卓デザイン事務所に、後藤さんと私、松友さんの3人で伺うと、佐藤さんは、日下部さんを伴って、アットホームな雰囲気で出迎えてくれた。

「経堂で活動されてるんですね。学生時代、ロックバンドをしていた時、スタジオに行ったことがありますよ」と、経堂の話も切り出し、緊張している私と松友さんをリラックスさせてくれた。松友さんが鯨のレトルトカレーの話をはじめると、佐藤さんは真剣に聞き入り、両手を組みテーブルの上を見つめていた。そこには、金色に輝く缶詰があった。松友さんのプレゼンが終わったあと、10秒ほどの沈黙があり、佐藤さんの口がゆっくりと動いた。

「これは、やります」重みのある言葉だった。

「ありがとうございます！」松友さんの声が部屋に響き渡った。後藤さんと私も、興奮気味に続いた。佐藤卓さんが協力してくれることになったのだ。

それから暑い夏を挟んで、デザイン仕事が進行した。レトルトの鯨カレーは、後藤さんがコピー一式を担当して、「石巻鯨カレー」というネーミングの商品となった。仕上がったパッケージデザインは、力強いイメージの鯨の黒に、迫力のある白い筆文字の商品名が浮かび上がり、盛りつけ例の写真が食欲をそそる。

「これは、どんな売場に並んでも、負けませんね！」デザインの仕上がりを見た松友さんが言った。

さらに、このパッケージデザインには、予期していなかったサプライズもあった。なんと、木の屋石巻水産の企業ロゴまでもが添えられていたのだった。和船の舳先（へさき）をモチーフ

デザイン界の第一人者·佐藤卓さんも、洗った缶詰に感動した１人。鯨カレーのパッケージのデザインにはじまり、木の屋のロゴも手がけてくれた。

とした六角形のマークは、安定を感じさせる深い紺色。「木の屋」の文字が白抜きで浮かび、左右に「石巻」「水産」が並ぶ。これからの新しい船出に燃える水産加工会社には、ぴったりのロゴだった。そのロゴを見て、これから木の屋は、どんどん上向いていくと思った。

佐藤さんと日下部さんには、その後、木の屋から、看板商品である「金華さば水煮」「金華さば味噌煮」をはじめ、多くの缶詰のパッケージデザインをお願いすることになっていくのだった。

TOTOが石巻営業所の新設記念に缶詰販売会!

「TOTOさんのショールームのイベントで、2日で100万円以上も売れました!」

鈴木さんの声が電話の向こうに響いていた。経堂の街と「さばのゆ」がきっかけで生まれたつながりの一つに、北九州に本社のあるTOTOの木瀬照雄会長(現・取締役、相談役）と木の屋の木村長努社長の関係があった。木瀬会長はもともと、缶詰洗いの場所を提供してくれた「まだん陶房」の李康則先生と古くからの付き合いで、桂吉坊さんのチャリティ落語会にもTOTOの社員や北九州の人たちを引き連れて来てくれた。他にも、缶詰に絵を描くイベントにも参加してくれたり、北九州で開催される複数のチャリティイベントの缶詰販売も木瀬会長のあと押しによるものが多かった。

実はTOTO自身が、被災企業だったのだ。福島第一原発の20キロ圏内にあった子会社「TOTOファインセラミックス」の楢葉工場と富岡工場は撤退。また、仙台、水戸のショールームが大きな被害を受け、仙台のほうは、4月の余震でも被害があり、夏まで再開できなかった。

11月5日、復興支援の意味合いで、「TOTO」「DAIKEN」「YKK AP」は、「ノーリツ」とのコラボで4社共同の「石巻コラボレーションショールーム」を5年限定でオープン。オープン初日と翌日、洗った缶詰の販売コーナーを設けてもらった木の屋の売り上げは、2日間で100万円を超えたのだった。

2012年5月12日、北九州の若松にある、創業120年余という高級料亭「金鍋」で行われた桂吉坊さんの落語会には、北九州の企業、行政、メディア、飲食店などから、様々な人が集まった。会場の一角に木の屋の缶詰売場を設営、落語会が終わったタイミングで販売イベントとなった。はじまる前、私がスタンバイする売場のかたわらに木瀬会長がマイクを持ちつかつかとやって来て立ち、話しはじめた。

「今日はこれから、石巻の津波で流されて、泥とガレキに埋まった缶詰を掘り出して、東京の経堂に運んで、洗って売って復興した木の屋石巻水産の新しい缶詰を売ります。もしも売れ残ったりしたら、北九州の恥やから！」

勢いのある言葉にビックリしたが、次の瞬間、すごいことが起きた。木瀬会長がマイクを置くやいなや、会場に集まった80人が売場に殺到して、400缶ほど用意した缶詰がまたたく間に売り切れたのだった。

「須田さん、今度来る時は、もっとたくさん持って来てください」と笑う木瀬会長はかっこ良かった。

さようなら木の屋カフェ。そして工場再建がスタート

秋が深まった2011年10月末、松友さんから嬉しい話が届いた。

「工場の再建の件なんですが、経済産業省の復興特別予算に申請するのはどうかということになりまして。これからプランをまとめて提出するんです。なんとも言えないんですが、もしも通れば、再来年の早い時期に新工場ができることになります」

「うわ、すごい！　すごい！」私は思わず声を出した。

松友さんは、木の屋に転職する前は、大手外食企業の品質管理部門で働いていて、生産ラインの立ち上げに一から関わった経験があった。つまり、今回のようなケースにもっとも必要な人材なのだった。いくら木の屋が小さな会社とはいえ、工場の設計を作り上げるのは、複雑かつ大変な仕事だ。聞けば、1ヶ月ほどで、設計図、事業計画書などの一式をまとめなければいけないらしい。松友さんは、「木の屋カフェ」の営業を減らして、石巻に戻る時間を作り、半ば突貫工事のように作業に取りかかった。

そして12月の半ば、松友さんからさらに嬉しい話を聞いた。

「工場再建ですが、おかげさまで、なんとかメドがつきまして、年が明けたら本格的に新事業体制の構築を行うことになりました」

嬉しい反面、寂しくもあった。なぜなら、「ミスター木の屋カフェ」のイケメン、松友さんがいなくなるということは、4月にスタートして、たくさんの人に親しまれた「木の屋カフェ」が閉店するということなのだから。しかし、壊滅状態になった会社が復活するのだ。新しい工場は、津波被害に遭うことのない内陸に建設予定。早ければ、2012年じゅうに再建されるということだった。

「まだ事業計画の段階なのでハッキリしたことは言えないのですが、新しい工場には、下北沢の『木の屋カフェ』で培ったノウハウを活かして、飲食やイベントができるスペースも作りたいと考えています」

石巻に「木の屋カフェ」が復活したら、なんて素敵なことだろうと思った。

復興ストーリーの絵本『きぼうのかんづめ』出版

震災から1年が近づいた2012年2月末。私が書いた絵本が出版された。タイトルは『きぼうのかんづめ』。木の屋と経堂の街の人たちとの、震災前からのつながりと復興の実話をもとにしたストーリーに、NHKの子ども番組でも活躍するイラストレーターの宗誠二郎さんが素敵な絵を添えてくれた本だ。出版社は、「さばのゆ」常連でもあった杉田龍彦さんの会社「ビーナイス」。ブックデザインは、デザイナーの今井クミさん。プロデュースは、コピーライターの後藤国弘さんだった。

実は私も、宗さんと同じく、「おかあさんといっしょ」や「天才てれびくん」などNHKの子ども番組や、「ポンキッキーズ」（BSフジ）などのシナリオや映像制作の仕事を生業の一つとしていた。

絵本を作ろうと思ったのは、2011年6月17日のこと。石巻にいる鈴木さんと電話で支援物資の話をしていた時、衝撃的なことを聞いたからだった。

「あのですね。数十万缶はあると思われていた缶詰の埋蔵個数が、あと2、3万缶かもしれないんです……」まだまだ掘り出すことができ、どんどんお金に換えていけると思っていたのに、その数字を聞いて途方にくれた。缶詰がなくなると復興ができない。鈴木さんも、どう気持ちを切り替えていいかわからないようだった。

「何か別の売り物を考えないといけませんね。とにかく何か売らないと……」私は、そう言うのがやっとだった。

その夜、仕事終わりに、洗った缶詰を時々買ってくれていた近所のダイニングバー「太田尻家」に向かった。変わった店名は、イラストレーターの奥さんが太田さんで、造形職人のご主人が田尻さんだから。この店は、外観から内装まで、すべてご主人の手によるもので、店のあちこちに奥さんのイラストがあり、天井から不思議な立体造形が吊り下がり宙に浮かんでいたりする。そんな雰囲気の中で自然と浮かんできたアイデアは、絵本のストーリーだった。

津波で流された缶詰工場が、震災前から仲の良かった街の人々の応援で、工場跡地に埋まった缶詰を掘って洗って売って復興する。まさにリアルタイムで進行している実話をベースにしようと考えた。

翌日、夕方に仕事が一段落すると、プロットを一気に書き上げて、すぐに松友さんにメールした。やはり実際に被災した人の意見を聞きたかったからだ。ほどなくして届いた返信には、「感動して、泣いてしまいました」と書かれてあった。

「これはいけるかも！」と思い、翌日、コピーライターの後藤さんにプロデュースの相談をすると、快諾。泥に埋もれた缶詰が残り少ないため、絵本を形にしたいと焦る気持ちがあったが、そこに鈴木さんからグッドニュースが飛び込んできた。

「缶詰がありました！　隣の建物にまだたくさん埋まっていました！」

その言葉を聞いて心からほっとした。そして、絵本は時間をかけて作れることとなり、2012年3月に出版される。

各地で広がる絵本の展覧会と新商品の販売会

絵本の制作費は、クラウドファンディングで集めた。物語を書いた私、プロデュースの後藤さん、絵の宗さん、デザインの今井さんの4名は、ボランティアだったので、必要な費用は、紙代と印刷費、郵送費などだけ。

1冊の値段は税込み1300円に決めた。そして、クラウドファンディングの参加費を一律1万円とした。1万円で8冊が手に入り、出資者の名前を印刷した紙が、絵本に挟まれることになった。

告知は、飲食店の口コミが基本だったが、ブログに、後藤さんのコピーを紹介した。

「悲しみをシェアすれば、半分になる。喜びをシェアすれば、倍になる。」

出版予定は3・11より前の3月上旬。1月26日にサポートを呼びかけるのは、実は相当遅かった。もしもクラウドファンディングが成功しなかったら、印刷代は、言い出しっぺの私が自腹で払うのが筋だった。

しかし、なんといっても経堂は、2007年から「シェアリング」をキーワードに個人飲食店同士の助け合いを行ってきた街。たくさんの人が、後藤さんのコピーに感動して、サポーターが一気に約100名集まった。あらためて、言葉の力を信じなければと思った。

3月に出版された絵本『きぼうのかんづめ』は、力強く広まった。「購入したい」という問い合わせはひっきりなしに入り続け、子どもたちに読み聞かせをしたいという幼稚園、保育園、小学校の先生や父兄からもメールや電話を頂いた。

写真家・佐藤孝仁さんが撮影した石巻の写真と絵本の原画の展示会をする話も立ち上がった。スタートは、2012年6月15~27日の原宿「ペーターズギャラリー」。その後、日光、小倉、奈良、高知、大阪、那覇、山梨と巡回して、トークや缶詰の販売イベントを行った。2016年3月には、生協パルシステムイベントでの読み聞かせとトーク、缶詰の販売が盛況。出版社ビーナイスは、積極的に各地の本のイベントに参加して、絵本とセットで缶詰を売り続け、絵本の売り上げの一部を被災地の復興に役立ててもらっている。

時間の経過と共に、絵本の効果が感じられた。木の屋は、2014年から、宗誠二郎さんのキャラクターをパッケージに使用したチャリティのサバ缶を販売し、人気商品となっている。絵本の読み聞かせは全国に広まり、「朗読を聞いて泣いてしまった。絵本とサバ缶を買いたい」と連絡をくれる人はあとを絶たない。

震災の年の新入社員が初めて制服をもらう日～さちとかなの物語 2

5月になって木の屋に入社したさちとかなは、缶詰掘りの仕事が少なくなった8月から、内陸にある自社ビルの水産ビルでの出荷業務に配属された。

「出荷業務と言っても、ひたすら缶詰を段ボール箱に詰めて宅配便で送る、力仕事の連続でした。みんなバタバタで、研修も受けないまま、事務の仕事はしないまま。缶詰を売り尽くす2011年末まではそんな感じでした。テレビに木の屋の話題が出ると、次の日に注文が殺到して大変でした」と、さち。思っていた環境ではなかったが、そんな2人を支えたのが、工場勤務のオバちゃんたちだった。

「オバちゃんたちがすごく好きで、缶詰を掘ったり洗ったりして、しばらくすると仲良くなって、休みの日に家に遊びに行ったりしました。そんなつながりが木の屋ならではだと思います。あるオバちゃんに『あんたたちが一番大変だ』と言われたのには励まされました。そのオバちゃんのモツ煮がヤバイんです。缶詰を使った炊き込みご飯も美味しくて。半ば強引に「今日は泊まっていけ！」と言われて、よく夜遅くまで話しました」

２０１２年、新年の営業がはじまると、２人に制服が支給された。その制服は、２０１１年の2月に木の屋に届いていた物。奇跡的に津波被害に遭わずに残っていたのだ。

「２０１１年は、事務の仕事を一つも覚えることができなかったので、２０１２年から必死でした。現場の作業員だったのが、急にＯＬになった感じで。会社も震災前の製品が復活してきたので、事務作業が増えました。慣れなくて、仕事が終わらず、帰宅が深夜近くになったこともあります。でも、制服をもらえたのは嬉しかった」と、かな。

「私たちは、津波で流された商品しか見てなかったので、工場ができてから、社員が缶詰を作っているのをはじめて見たんです。その時にやっと、これが会社なのか？　という気分がしてきましたね」と、さちは語る。

「実際に工場のラインを体験すると勉強になりました。オバちゃんたちは、すごく手が早くて、原料を手で缶に詰めるグラム数が正確で、ビックリします。それと、缶詰というと保存食的なイメージがあるのに、木の屋の場合は、原料は旬の地元の物を使っているし、手詰めだし、人間的な感じがするのがお客さまにも伝わり、買って頂いているのかなという気がして、誇らしいです」と、かな。

2人の話を聞いていると、木の屋が実にアットホームな会社であることが伝わってくる。

新工場は田んぼの中を泳ぐ鯨。悲願の工場再建へ!

2012年に入ると、木の屋は工場再建に向けて本格的に動き出した。秋が深まる11月、建設作業が本格的になった頃、北九州出張中の私に松友さんから電話があった。

「お忙しいところスミマセン。新しい工場のことで、ご相談がありまして」聞くと、新工場には、缶詰の製造ラインの見学通路を設けるとのことだった。

「全国のみなさんにお世話になりましたので、開かれた工場を目指そうと考えまして。それで、見学通路に缶詰ができるまでの行程や、石巻でとれる魚などを解説するパネルを貼ろうと計画中なんです。でも、普通のパネルだと堅苦しいので、絵本『きぼうのかんづめ』のキャラクターで、子どもにもわかりやすいようにできればと」

いいアイデアだと思った。見学通路を設置することで、社会科見学や遠足、修学旅行などを呼び込める他、バスツアーなどで来る大人も楽しめる。人が集まれば、缶詰の販売で売り上げもアップする。

「いいですね！　お手伝いしたいです」そう答えると私は、電話を切ってすぐ、後藤さんに連絡をして詳細を伝えた。

「オモシロイですね。すぐ宗くんと今井さんに相談してみます」そして、数分後に「OK！」と返信があった。

後藤さんと石巻に行ったのは、2013年1月。東京と比べると強風に雪が舞う宮城の冬は寒々しかったが、田んぼの中の一本道を走るうち、前方に工場の建設現場が見えてくると、後藤さんも私も、興奮して熱くなってきた。

「おっ！　本当に鯨じゃないですか！」

そこには、外枠がほぼ完成した工場があった。田園風景の中にポッカリ浮かび上がる美術館のような建物で、フォルムは鯨の形。そこには、鯨で創業した会社の新しい出発への決意が込められていた。

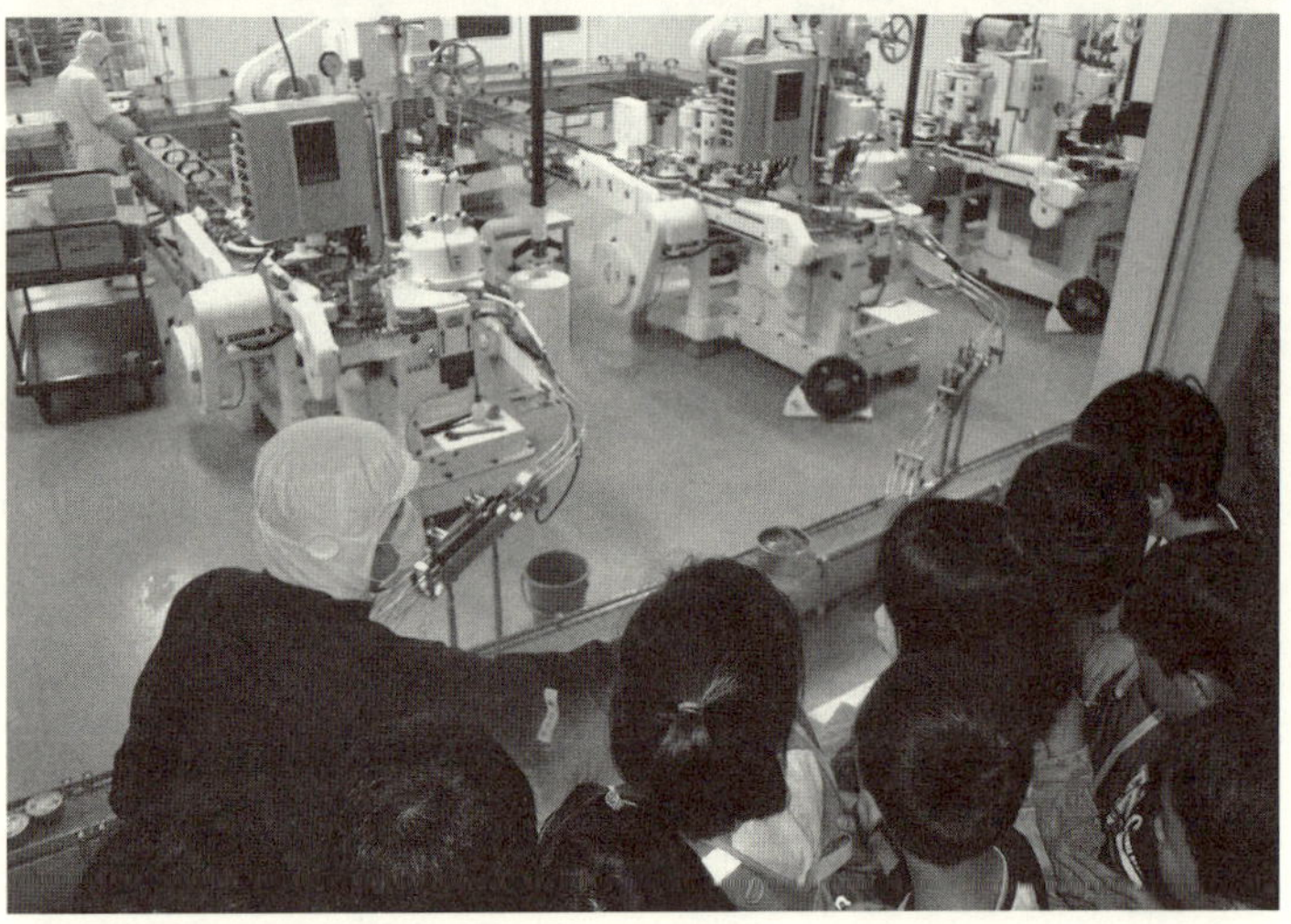

工場のある喜び。再建された缶詰工場前での社員集合写真。新工場には製造ラインの見学通路やコンサートができるホールがあり、開かれた工場を目指す。

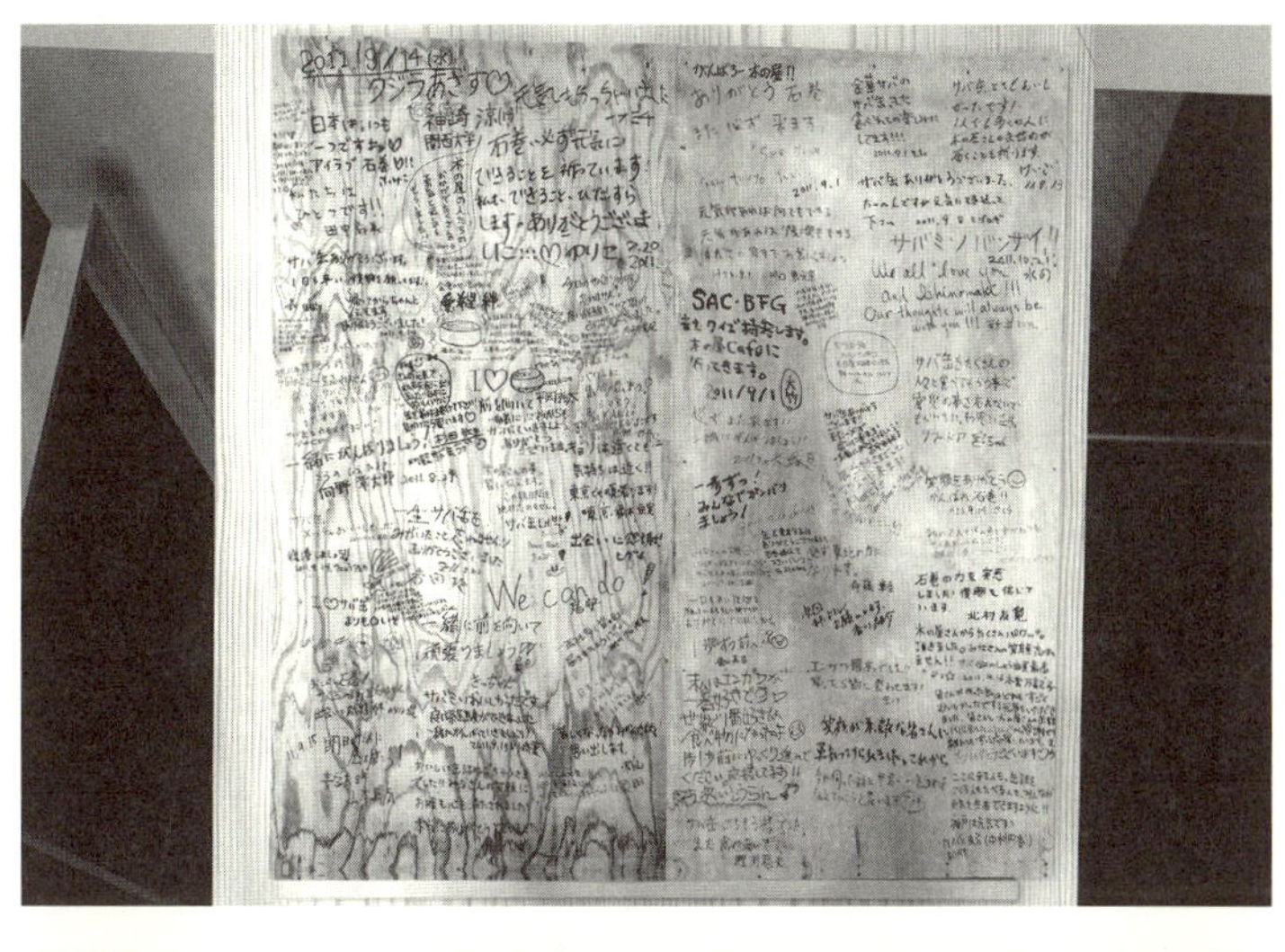

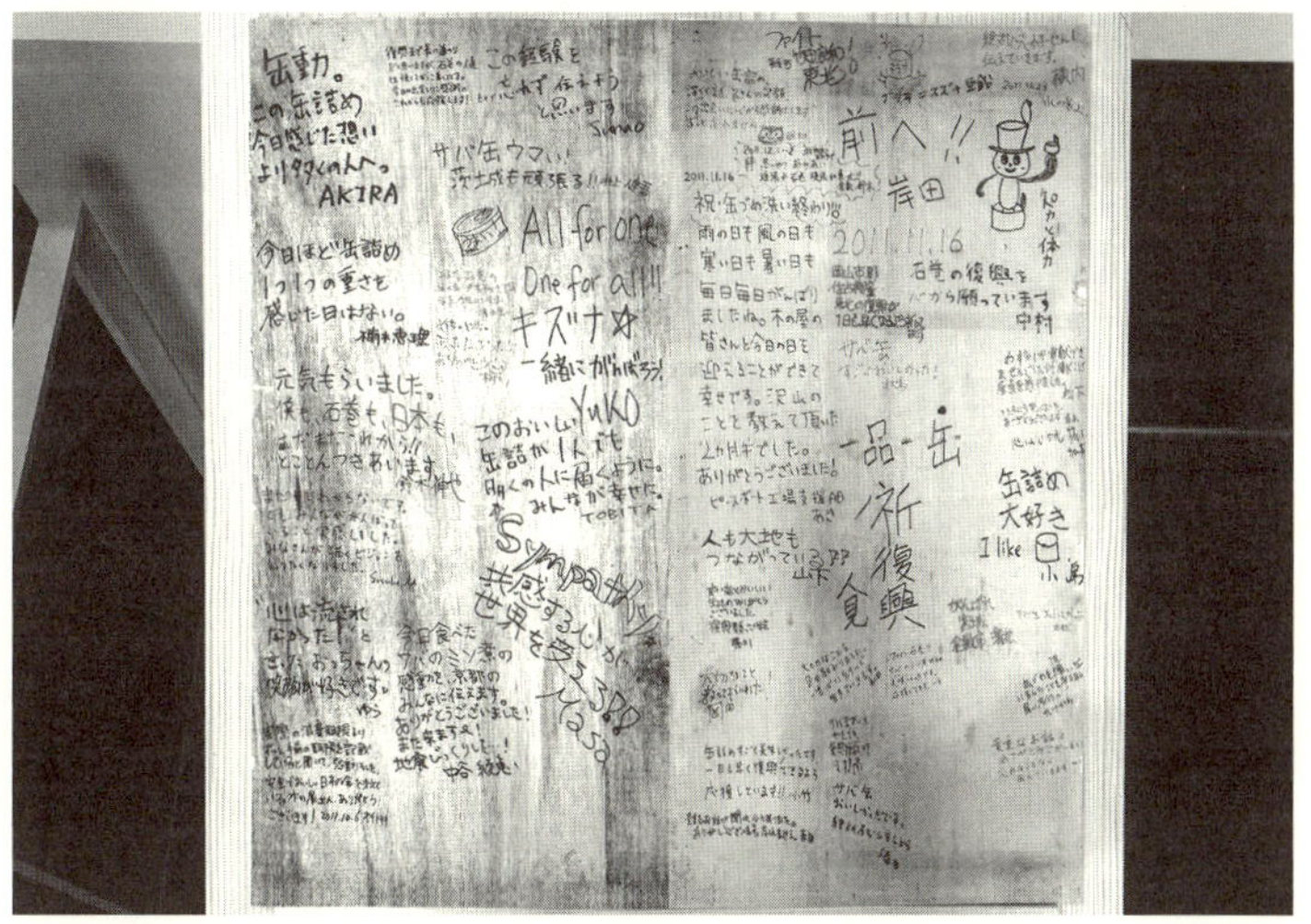

新工場のカフェにある、ボランティアたちが復興への想いを綴った寄せ書き。全国から延べ5000人を超える人が、缶詰掘りのために集まった。

建設中の工場の中に入り、案内してもらう。見学通路は、特殊な窓ガラスを通して缶詰の製造ラインを見られる作りで見通しも良かった。壁に解説用のパネルを設置したいということだった。

そして、2013年3月、石巻の新本社工場に続き、宮城県遠田郡美里町に、新しい缶詰工場が完成した。見学通路には、絵本のキャラクターが缶詰製造の基本を解説するパネルが貼られ、全国の子どもたちの社会見学と遠足に対応できるようになった。また、2階のカフェの入口には、震災直後に全国から集まって木の屋を支援したボランティアのみなさんの寄せ書きをまとめたものが展示された。

「むちゃくちゃ美味しかった!」「1日でも早くもとの生活に戻れますように!」「泥の中から見つけた時のカンドウは忘れられません!」

一つ一つのメッセージは、復興に向けてひたすらがんばっていた時期、泥まみれの缶詰を掘ったり洗ったりの作業を社員と一緒に手伝ったボランティアの人たちが、作業現場の板にマジックで書いたもの。そういう思いを大切にする会社、それが木の屋なのだ。

第5章

22万缶に詰まっていた物……

キャンセル続出のバスツアーで工場観光地化の前例を

2013年3月に新工場を建てた木の屋だったが、再開したビジネスに、すぐに順風が吹きはじめたわけではなかった。

「いやー、まいりました」4月の中頃だっただろうか。鈴木さんが電話で、いつになく弱気だったので話を聞いてみると、様々な難題に直面していることがわかった。

「弊社の震災前からのウリの一つが、春になると三陸の海に湧くほど獲れる小女子（こうなご）や、ひげ鯨が食用にする旨味の強いエビに似たオキアミのイサダなんです。大量に獲ったものをBtoBで、食品メーカーの原料になるように一次加工して大量に卸すのですが、震災で2年のブランクが空いてしまったために、小女子佃煮について、以前の取引先が原料の仕入れ先を替えてしまい、取引の復活は難しいと言われまして……」

工場が再開したというだけでは単純には喜べないとわかり、こちらも気が重くなった。

「何かできることはないか?」と思いついたのが、毎年7月31、8月1日に石巻で行われる「川開き祭り」に合わせて、経堂からバスツアーをするというアイデアだった。

というのも、建設中から、新工場には見学通路や売店があり、講演やコンサートが可能なホールも併設されると聞いていたため、観光も収入源の一つになればと思っていたからだ。美里町は、地理的にも恵まれている。日本三景の一つとして有名で、国内外の観光客で賑わう松島から車で約20分。松島を訪れる大型観光バスが立ち寄るスポットになれば、ビジネスとして悪くないはずだ。

私はさっそく、7月31日~8月2日の日程でバスツアーを計画していることをFacebookに投稿した。すると、200を超える「いいね！」が付き、「絶対に行く！」「行きたい！」というコメントがズラリと並び、直接のメッセージも十数本が届いた。いずれも参加を表明する内容だった。ツアーまでは3ヶ月以上ある。これは、必ず成功すると思い、計画を立てた。

7月31日の朝、経堂を出発。福島の飯坂温泉に宿泊。

8月1日は、昼食時に石巻入り。石巻−女川の被災地を見て、夕方、石巻市内で、桂吉坊さんの落語会を開催。木の屋の社員さんには無料で落語を楽しんでもらい、木の屋さんオススメのお店で宴会。夜は、石巻の夏のクライマックスである川開き祭りの花火。

8月2日は、美里町の缶詰工場を見学して東京に戻る。

2泊3日でゆったりバスの旅。代金は、3万5000円前後に落ち着く予定だった。1日の夜の花火はもちろん、2日の朝も晴れてもらいたかった。なぜなら、工場にバスで乗り込み、ツアー名所にする前例となるメディア向けの絵を作りたかったからだ。

6月末になると、ツアー名簿の確定のため、Facebookの投稿に「行きます!」とコメントをくれたり、参加表明のメッセージをくれた人たちに確認の連絡を取りはじめた。40名は超えるはずだった。増えた場合は補助椅子を使えば、50名を超えても大丈夫、と考えていたのだが、フタを開けてみると恐ろしいことが起きた。なんと、9割の人がキャンセルを申し出てきたのだ。理由は「仕事の都合がつかない」が大半だった。

満員御礼間違いナシと思っていたのが、まさかの数名……。毎日毎日、いろんな人に声をかけまくって、気がつけば7月中旬。大阪から2人の甥っ子を呼び寄せたり、「さばのゆ」スタッフを社員旅行ということで誘ったり、興味を持ってくれそうな人を思い出しては連絡をくり返し、自分も合わせてなんとか17名を確保できた。

しかし問題は代金だった。バスのチャーター料がそこそこで、1人3万5000円だとまったく足りない。しかし、言い出しっぺは自分なので、事情を説明して、有志の方々に

再建された工場を見学するバスツアーを私が企画し、訪れた石巻川開き祭りで打ち上がった花火。鎮魂と希望の願いが込められたそれは圧巻の美しさだった。

1万円プラスの4万5000円を出して頂いた。そうして、私の負担額は、30数万円以上となった。

が、それを除けば素晴らしい団体ツアーとなった。まず、晴天に恵まれたのが良かった。MXテレビの取材が入り、青空の下、バスから我々が降り立つ様子が東京圏にオンエアされ、番組ホームページに映像がアーカイブされたため、その様子は、今でも見ることができる。参加したみなさんも、缶詰をお土産用にたくさん買ってくれた。

とにもかくにも、こうして美里町工場を観光地にするプロジェクトがはじまったのは、大きな一歩だった。工場前で、木村社長や鈴木さんたちと、経堂を中心とした参加者で撮ったフォトジャーナリスト・木村聡さんによる記念写真は、大切な宝物である。

カルビーとのコラボ商品「いさだスナック」が全国発売

バスツアーのあと、鈴木さんから段ボール箱が届いた。開けてみると、水色が爽やかなパッケージのスナック菓子が入っていた。商品名は「いさだスナック」。メーカーはカルビーだった。さっそく鈴木さんに電話。

「カルビーさんが、イサダを原料に使った「いさだスナック」を商品化して、9月から東北エリア限定で発売を開始してくださるんです」

イサダは通常、養殖魚のエサにすることが多いが、人間が食べる食品に利用すれば、漁業者の収益を増やすことができる。通常のえびせんよりも旨味が強くパンチがある。

「実は、震災前から弊社では、イサダの食用の加工に力を入れていて、安定して手に入るイサダでかっぱえびせんを作りたい！ と思っていたんです。すると、弊社と付き合いがある伊那食品工業の塚越会長とカルビーの松尾相談役が懇意にされていると知り、伊那食品工業さん経由で相談して、サンプルを送付してみたら『面白い！』となりまして、松尾相談役が来社され商品化が決定。発売の流れになったんです」

被災地の復興を考える意味でも明るい話題で、宮城県の「石巻かほく紙」にも次の見出しで記事が掲載された。

■県産イサダでスナック　東北で限定販売　食用拡大に期待

木の屋石巻水産、カルビーに原料供給

■東北限定で発売された宮城産イサダ使用の「いさだスナック」

「弊社は、イサダも鮮度にこだわって加工していまして、水揚げしたその日のうちに釜茹でして、乾燥させ、その後、異物の選別をした上で箱詰めし、冷凍保存でカルビーに発送しています」

それまでは、お好み焼きの具材、佃煮の原料、キムチの素、ふりかけの材料として使用していたイサダの新しい利用の仕方だった。この「いさだスナック」は約2万袋が売り切れ、2015年度には全国発売となった。

フレッシュパック製法による缶詰が復活

工場が復活した2013年は、記念すべき出来事が続いた。鯨で創業した会社であり、鯨大和煮缶詰を自社工場で製造できるメリットは大きかった。他社の工場に製造委託をするOEMの方式は、やはり利益が薄くなる。そして、自社の工場のラインで作れる喜びは、社員全員として、何物にも代えがたかった。

そして8月、さらなる喜びが続く。それは、フレッシュパック製法による缶詰製造の復活だった。港に揚がってすぐのサバやイワシやサンマなどを、刺身でも食べられる鮮度のまま、熟練のスタッフが手で詰めて仕上げる缶詰作り。添加物は一切使用していない。それは、1998年から、木の屋が厳しい食品業界内の競争に勝ち、生き残るために採用した方法だった。

震災前の経堂で木の屋のサバ缶メニューが人気だったのも、泥に埋まった缶詰を掘って洗ってまでしてみんなが食べたいと思ったのも、その理由は「フレッシュパックの美味しさ」なのだった。

工場が再建されてから、よく、経堂の店の人たちと飲み屋のカウンターで、「あの頃、どうして、泥まみれの缶詰をあんなに一生懸命になって洗ったのか?」という話になった。答えは、いつも同じだった。

「美味しかったから!」「あの味が忘れられなかったから」

フレッシュパック復活の最初は、6月に製造した「真いわし醤油味付け」。8、9月には「さんま醤油味付け」「さんま味噌甘辛煮」。11月になって、真打ち、金華サバが水揚げされるようになり、「金華さば味噌煮」「金華さば水煮」の順番で商品が復活した。

どの商品も、震災前からのファンと震災後のファン共に、「待ってました！」とばかりに飛びつき、売れ行きも上々だった。

商品の復活は、経堂の飲食店にも影響を及ぼし、「まことや」のサバ缶ラーメンをはじめとした木の屋メニューを再び食べることができるようになった。

全国の飲食店を元気にする「木の屋モデル」

工場が再建され業務が復活すると、嬉しい悩みも生まれてきた。サバの当たり年だった2013年は全体の漁獲量が多く、缶詰製造のために巻き網漁船が水揚げした1艘分を買い上げてしまうため、缶詰もたくさん製造可能となった。だが、缶詰に適さない大きなサバやその他の魚は、別の用途が見つかるまで冷凍庫に保管されることになった。

製造ラインは完成していたが、まだ冷凍倉庫の容量は少なかった。そのため、油断をすると冷凍庫のリミットが迫るという事態に陥った。そして、年末の忘年会シーズンが近づいた頃、鈴木さんから相談の電話があった。

「経堂で冷凍の金華サバを使ってくれる店はないでしょうか？　実は、今年、缶詰に入り切らない大きなサイズの金華サバがたくさん揚がりまして、鮮度が良好なまま15キロずつ箱に詰めて冷凍しているんです。しかし、冷凍庫の場所を取り過ぎてしまい……。それでどんどん使ってくれるところはないかなと思いまして」

1ケース15キロの冷凍サバをどんどん使える店というのは、難しい。かなり売り上げのいい店でないと量がさばけないし、解凍して使うのは技術が必要だ。

「なんとかなるとありがたいです」という鈴木さんの言葉を聞きながら、私の頭に浮かんだ店は、経堂農大通りの「らかん茶屋」。経堂で30数年、魚中心の居酒屋だった。ランチタイムは、毎日40～50名。夜は、宴会と常連さんで賑わう人気店。さっそく、大将の春さんに相談すると、二つ返事で、「物が見たいので、じゃあ、2ケースほど送ってください」とのことだった。

翌週、「らかん茶屋」に行くと、驚いた。もともとノルウェーサバを使った塩焼き、味噌煮などがメニューにあったのは知っていた。が、あらためてメニューを見ると、金華サバメニューが、いきなり充実していたのだ。塩焼き、味噌煮、だけではなく、シメサバ、竜田揚げ、唐揚げポン酢、そして金華サバの柳川は、ドジョウの代わりにサバを使った柳川鍋風だった。そして、1貫150円の金華サバの握りまで。

「すごいですね！　金華サバ尽くしじゃないですか！」

「このサバは旨いよ！　まず、ノルウェーに比べて脂が上品。それと、とれたてそのままを瞬間冷凍してるから、鮮度がいい。見て、この身がまだ赤いでしょう？　普通、こんなの冷凍ではあり得ない。これを見ると、木の屋さんというのが、いかに実力のある会社かよくわかるね」とベタボメ。握りに使う切り身は、5時間かけて独自に加工した物。食べると、身が溶けながら舌の上に甘味のある脂が残る。これは金華サバの品質と大将の春さんの腕の合作なのだった。

「らかん茶屋」は、その後、焼きサバ鍋、サバの餡かけなど、どんどん金華サバメニューを増やし、年間2トンも金華サバを使う店になった。

この時期から経堂が、木の屋メニューの街として、さらなる進化を遂げていく。焼きとん「きはち」は、従来の「金華さば水煮」の野菜和え、鯨カレーうどん以外に、鯨赤身の刺身や鯨の希少部位・鹿の子の炭火焼なども加わった。魚料理の「魚ケン」は、銀鮭中骨缶詰のサラダ以外に、鯨メニューの充実ぶりがすごかった。鯨の刺身4種盛りや赤身ユッケ、鯨の肉じゃが、長須鯨の唐揚げ、鹿の子の握り寿司、鹿の子のすき焼きなどの鯨尽くし。イタリアンの「リゴレッティーノ」は、金華サバのパスタや燻製のクスクス添えなど。ダイニングバー「太田尻家」は、金華サバサンド。昭和の酒場「鳥へい」は、和風仕立てのサバ缶料理。

「ガラムマサラ」は、震災前から大人気のスパイシーな味付けのサバ缶が、「とりあえずサバ缶をください！」と頼まれるようになり、売り上げに貢献した。もともとグルメ雑誌などに取り上げられることの多い人気店だったが、2016年6月の『dancyu』カレー特集には、このサバ缶のメニューが、2ページで特集された。

リーマンショック以降、大手チェーン店のさらなる増加、広がる経済格差や非正規社員の増加、消費税増税、社会保障費の増加、そして、日本全国で進行する高齢化などによって、商店街の個人飲食店は、よほど観光地化した店以外は苦労を強いられているケースが多い。しかし、この、木の屋の缶詰を使い、売り上げアップする経営の個人飲食店の方法・経営モデルは、商店街・個人飲食店の活性化に有効な方法だと私は考えている。それには、以下の3つの理由がある。

①美味である（飲食店向けには業務用卸の対応可）
②賞味期限が長い（缶詰は製造日より3年のため、悪くなって捨てるようなことがない）
③商品にストーリーがある（震災からの復活ストーリーが顧客を引き寄せ感動させる）

実は、経堂の縁から木の屋の缶詰を使用する飲食店は全国に増えており、大阪や京都などの関西、広島、北九州、久留米、長崎、さらには、奄美群島の外れに位置する沖永良部島まで広がっている。

「日本百貨店しょくひんかん」に缶詰売場が

工場が再開されれば、缶詰が製造される。そして、作ったものは売らなければならない。鈴木さんは、相変わらず、自ら売り子となるイベントや催事での販売で全国を飛び回っていたが、さらに東京を中心とした小売店での販売網を広げたかった。

いち早く木の屋の缶詰を扱ってくれたのは、池袋にある宮城県のアンテナショップ「宮城ふるさとプラザ」で、こちらは、宮城県つながりだった。

「東京の消費者の直接目に触れる場所に、もっと木の屋の缶詰を置きたい」

そう考えた私が、鯨大和煮缶とイワシの醤油煮缶、銀鮭中骨缶、3種類の木の屋の缶詰サンプルを持って訪ねたのは、東京・御徒町を本店として日本の職人が作る良品を中心に販売する店舗を展開する「日本百貨店」だった。特に、2013年7月、秋葉原にオープンした「日本百貨店しょくひんかん」は、秋葉原の駅前にあり、山手線の高架下180坪に地方の美味を集めた食のテーマパーク。鈴木正晴社長は、日本の職人にインタビューするNHKの番組でお世話になった間柄で、しかも、「さばのゆ」の常連だった。

「須田さん！　須田さん！」鈴木社長は、前向きな話をする時、必ず相手の名前を2回呼ぶ。そして、この時かかってきた電話もそうだった。

「この缶詰、すっげぇ旨い！　広めの売場を確保するから、ジャンジャン仕入れると、木の屋さんに伝えといてください」早い。これで商談が成立してしまった。

鈴木社長は、東大を卒業して伊藤忠商事に入社。アパレル、繊維畑を歩いてきたが、10年目に独立。日本のモノ作りの職人の現場に、お金が回らず苦労しているところが多いのを目の当たりにして、「よし！　それならオレがやってやる！」と、2010年に日本百貨店を立ち上げた。

「地方の生産者にお金を回す」「地方の生産者と東京の消費者の出会いの場」をテーマに、ネット通販全盛の時代に逆行して実店舗ビジネスを進めている人だった。

日本百貨店はその後、着々と店舗数を増やし、御徒町の本店、秋葉原の「しょくひんかん」以外にも、吉祥寺、町田、たまプラーザ、横浜赤れんが倉庫などが続き、どの店でも木の屋の缶詰を扱ってくれている。

そして2016年、東京駅の「エキナカ」にも店舗がオープン。その「日本百貨店とうきょう」には、サバ缶、イワシ缶、鯨大和煮缶など、常時、木の屋の缶詰が数種類並び、ギフトや、旅のおツマミとしてよく売れている。

「東京駅の店は、いいですよー！　全国の人が集まる駅だから、全国の人に木の屋さんの缶詰を知ってもらえる！　もっともっと広まるようにがんばります！」

震災直後の新入社員が社内結婚から出産へ

2015年2月、ある日の早朝、石巻市立病院に赤ちゃんの泣き声が響き渡った。

「おめでとうございます！　元気な男の子です！」母親の名前は、高橋幸。初めての仕事が缶詰掘りだった、旧姓・小山幸。2011年度、木の屋の新入社員だ。

「会社の人と結婚したんです。工場が再建されて、2013年の夏に缶詰作りを学ぶ研修がありました。工場に1週間ほど通って、自分もラインに入って実習をしていたのですが、そこで出会いがあったんです」

お相手は10歳年上の腕のいい鯨加工の職人さんだった。その後、交際へと発展し、上司に報告。めでたく結婚する運びとなった。2人の結婚は、全社をあげて祝福された。木村社長に出産のことを聞くと、笑顔で答えが返ってきた。

「いやあ、めでたいね。ほんと会社をやめないで良かったと思うよね。弊社も日本の少子化対策の役に立ててるかな！」

泥まみれの缶詰の希望は、次の世代にもつながっていく。

サーバー管理会社とのコラボ「サーバー屋のサバ缶」

木の屋の缶詰には、人を引き寄せる力があると思わせる出来事が、しばしば起きた。

2014年9月、「さばのゆ」に、あるIT企業の社員がやって来た。会社名は「株式会社スカイアーチネットワークス」。サーバー管理を主な業務とする会社だった。専務の高橋玄太さんと名刺を交換した時の衝撃は忘れられない。なぜなら、名刺と一緒に大手メーカーのサバ缶を差し出しながら、こう言ったからだ。

「はじめまして、サバ缶屋です」

私が驚いていると、高橋さんはゆっくりとした口調で説明をはじめた。

「サーバー管理業務をメインとする会社ですが、業界のスラングで『サーバー管理』を縮めて『サバ缶』と言うので、取引先に弊社を覚えてもらうために、2年ほど前から、名刺と一緒にサバ缶を渡すようにしてきたんです」

「サーバー管理」を「サバ缶」と言うことは知っていた。しかし、実際にサバ缶を持ち歩いて、ブランディングに利用する企業があるとは。私は、このユニークで柔軟な発想の会社の人たちに好感を持ち、すぐに打ち解けた。

復興のストーリーを知っていたから来てくれた高橋専務だが、美味しいという噂は聞いていた木の屋のサバ缶をまだ食べたことがなかった。

「じゃあ、まずは味噌煮缶をどうぞ!」と提供すると、食べた高橋さんがうなった。

「うーん、こんな美味しいサバ缶はじめてです!」美味しさの理由を説明すると、「このサバ缶を弊社のサバ缶として使うには、どうしたらいいですか?」と尋ねてきた。

そんな話をきっかけに生まれたのが、同社のノベルティーを兼ねたオリジナル缶詰「サーバー屋のサバ缶」だった。木の屋の缶詰は、ラベルが紙巻きなので、遊び心のあるデザインがいろいろ可能。私と高橋さんは、値段を380円、売り上げの38%以上を子どもたちの活動に寄付するなど、38(サバ)という数字をネタに、いろんなアイデアを出し合った。そして、「サーバー屋のサバ缶」を正式名称としてデザイン作業も進め、2015年の年明けには、黄色のラベルを巻いたサバ味噌煮缶が完成し情報公開。初めての情報告知は、私のツイッターだった。

@yasunarisuda
木の屋石巻水産のサバ缶を3000個も買い取り「サーバー屋のサバ缶」を仕掛ける港区のサーバー管理会社が登場。380円。売り上げの38%以上を子供たちの活動に寄付。IT業界と被災地をつなぐプロジェクトを経営「さばのゆ」から。ユーモアが潤滑油です。
19:32-2015年1月7日

これが、1日で1000RTを超え、大きな反響があった。WEBマガジン「ねとらぼ」の記者、太田智美さんが取材依頼の連絡をくれた。公開された彼女の記事は、Facebookの「いいね!」とシェアの数は2000以上、ツイッターのRT数も1000を超えた。

「サーバー屋のサバ缶」はその後、意外な発展を見せた。売り上げの38%を、石巻市雄勝町にある子どもの複合体験施設「モリウミアス」など、東北の子どもたちを支援する組織に寄付を行う活動を続けた。すると、思わぬ大企業から「うちも木の屋のサバ缶を使ったノベルティグッズを作りたい」と、相談が入りはじめたのだ。

「ＩＴ業界のイベントで「サーバー屋のサバ缶」を配っていると、興味を持ってくれる人が非常に多いんです。通常こういったイベントは大勢の人で混み合うため、パンフレットを渡してもその場限りのことが多いんですけど、このサバ缶は、渡した相手と会話が弾みつながりが生まれます。忙しくてその場で話ができなくても、食べたら美味しかったとあとで連絡が入ったり」そう語るのは、同社のマーケティング担当、有沢幸夏さん。

２０１５年には、ウイルスバスターなどで有名なトレンドマイクロが、赤いラベルで「サーバーを守る会社のサバ缶」。２０１７年には、ＮＴＴコミュニケーションズが、青いラベルで「世界をつなぐ会社のサバ缶」。と、シリーズとなる缶詰を作ることになったが、どちらも大企業である。

「弊社の活動を通じて、ＩＴ業界と東北をつなぐことができて、嬉しいです。今後は、水を注げば食べられるアルファー食品の「安心米」とのコラボで、防災食としても木の屋のサバ缶を広めていきたいです」と、有沢さん。

美味しいサバ缶が、東北とＩＴ業界をもつなげてしまった。

わずか4年半で震災前の売り上げに戻す！

２０１５年8月のお盆明け。鈴木さんから、興奮気味の口調で電話があった。

「実は、なんだかすごいことになってまして！」彼が取り乱すとは珍しい。震災直後、津波で会社のすべてを失った時期でも、ユーモアを忘れず、常に「今何ができるのか？」を考えて、冷静沈着に事を運ぶ性格の人だったから。

「いったい何があったんですか？」工場が再建されて2年以上が経ったこの時期にトラブル発生は大変などと心配しながら聞いてみる。

「弊社の今春以降の業績の戻りがとても良く、決算月の9月末までの売り上げ次第では、震災前の売り上げを復活できそうな状況になっておりまして」

素晴らしいニュースだった。２０１０年度の売上げは16億円と聞いていた。小さな工場にもかかわらず、短い期間にここまで業績を回復するためには、社員、パートのみなさんのがんばりは並大抵ではなかったはず。が、話の続きを聞いてみると、ゴール間近にして、目標達成のハードルは、意外に高そうだった。

「なのですが、7月まで順調に来ていたんですが、食欲が減退する真夏の時期に入って微妙になってきておりまして……。売り上げが伸びれば良いのですが、落ち込むとなると業績の復活は難しくなります。ここは、経堂のみなさんのご協力もお願いできればと思いまして」と、今度は口調が困惑気味になった。

熱い夏は食欲が落ちる。夏はお中元シーズンでもあるが、工場再建から間もない木の屋は、まだまだギフト商戦への対応はできていなかった。また、夏のギフトの定番はそうめんやビール、水ようかんなど冷たい物が強い。カレンダーを見ると、9月末まであと40日余り。ここからどんな応援ができるだろうか。私は、数日のうちに返信をすると約束して、電話を切った。

木の屋の応援のことで悩むと、自然と足が向かう先は、経堂の個人飲食店と決まっていた。その夜も仕事が終わると「きはち」の暖簾をくぐった。木の屋が震災前の売り上げを復活しそうだと話すと、おかみさんの恵理さんが、いつもながらのロックな反応をした。この一家は、揃って音楽好き、ロック好きで、毎年8月は、一家揃ってフジロックフェスに行くほど。

「ねえねえ、すっごいわよ！　木の屋復活なんだって！」

恵理さんが、早とちりして、ご主人の秀樹さんに話しかけている。「復活しそう」と言ったただけなのに、頭の中は早くも「木の屋復活！」になっているようだ。聞いているうちに笑いが込み上げる。が、次の瞬間、これだ！　というアイデアが湧いた。

それは、「#木の屋復活」というハッシュタグを使用して、木の屋メニューを提供する経堂のお店が協力して情報発信する短期決戦のプロジェクトだった。「きはち」のご家族、カウンターの常連さんたちに話をしたら、「よしやろう！」という力強いリアクションが返ってきた。その夜、私は、「経堂系ドットコム」に次のような投稿をアップした。

＊　＊　＊

経堂とは縁が深い木の屋石巻水産さんが、
震災前の売り上げ復活に王手をかけています。
残された時間は、およそ40日。
「さばのゆ」と経堂からも

じわじわ発信しようと考えています。
木の屋メニューを出す経堂のお店とも連動して、
力強くいきたいな、と。
ハッシュタグは、#木の屋復活　です。
木の屋の商品は、こちらのホームページからご購入頂けます。
東京では、秋葉原の「日本百貨店しょくひんかん」はじめ、
日本百貨店各店にて販売しております。
木の屋の商品を購入されたら写真を撮って
ハッシュタグ　#木の屋復活　を付けて
SNSで発信して頂けると嬉しいです。

＊　＊　＊

そして、木の屋メニューが食べられる、経堂の店の情報を載せた。
その投稿とハッシュタグは、翌日から活発にSNSを賑わした。木の屋が震災前の売り

上げ復活に大手をかけていることを知った経堂の個人飲食店の常連の人たちは、いつもより活発に飲みにくり出してくれた。友人知人を誘う人も多かった。

そして、9月30日。鈴木さんから電話があった。

「いやー、昨日あたりで、震災前の売り上げに届いたみたいです！」

「#木の屋復活」が現実となったのだった。その夜、協力してくれたお店に報告して回ったら、みんな大声を出して喜んでくれた。「きはち」の恵理さんは、「やったねー！」とガッツポーズをしていた。

篠原ともえさんのカワイイデザイン缶

工場再開後、たった2年半で震災前の売り上げを復活した木の屋だったが、会社としては悩みどころもあった。それは、顧客の中心が50代以上で、若い世代、特に女性の顧客比率が少ないことだった。木の屋の缶詰は、良質な原料を使用して手作業を含めて仕上げているため、商品の価格が大手メーカーと比べると割高になる。東京を中心とした都市部には、値段が少し高くても美味しい物なら買うという30～40代の女性層がいるのだが、木の屋の商品は、そこに対して訴求が足りなかった。

「弊社の缶詰、味に自信はあるのですが、どうしても年配のお客さまが多くて、若い女性にアプローチするにはどうすればいいのか？　会議でも議題に上がるのですが、なかなかいいアイデアが浮かびません……」

商品開発と広報を兼務するようになった松友さんから話を聞き、私は、たまたま自分が構成を担当しているラジオ番組を思い出した。

「日本カワイイ計画。ｗｉｔｈみんなの経済新聞」というジャパンエフエムネットワーク製作の全国ネットのＦＭラジオ番組で、パーソナリティは、篠原ともえさん。コメンテーターは、「みんなの経済新聞ネットワーク」代表の西樹さん。カワイイをキーワードに、日本のモノ作りや地域の情報を取り上げ、応援する番組だった。

番組の担当ディレクターである伏見竜也さんに打診するとさっそく、「オモシロイですね！」という返信が来て、放送局にも話を通してくれた。

篠原ともえさんは、90年代にシノラーブームを巻き起こし、現在は、大人の女性の魅力で、歌手、女優、ナレーターなど、幅広い人気を誇るタレント。デザイナーとしても、松任谷由実さんなどアーティストのステージ衣装も担当して、ワンピースの作り方の本を出し、着物のデザインの評価も高く、イラストやロゴも手がける、デザインセンス抜群のアーティストでもある。

「篠原さんに会えば、何かインスピレーションが浮かぶかもしれませんね」と言うと、松友さんは深く同意してくれた。

２０１５年11月の収録当日、スタジオでのやりとりは、意外な展開となった。

松友さんが持ってきたのが、震災前に内閣総理大臣賞まで獲得した「カレイの縁側醤油煮込み」の缶詰。試食した篠原さんは味を絶賛。そして、こんなやりとりになった。

篠原　めちゃくちゃ美味しいじゃないですか！　食感もコリコリしていて。コラーゲンもたっぷりですよね。

松友　味には自信があるんですが、缶詰のパッケージが地味で、このパッケージをカワイクしたら、もっと若い女性に食べてもらえるのでは？　と考えまして、ご相談をしたいんです。

篠原　デザインやります！
松友　いいんですか⁉
篠原　では、しのはらが、「カレイの縁側・醤油煮込み」缶のパッケージがカワイクなるように考えてみましょう！

こうして生まれたのが、篠原ともえデザイン缶「カレイのえんがわ」だった。

黒と白がベースで文字だらけの従来のパッケージと違い、カラフルでカワイイ。商品棚にあれば手に取ってみたくなる。「コリコリッ　おいしいよ！」という篠原さんのコピーも食べてみたくなる。「縁側」も「えんがわ」と読みやすくなった。

この「カレイのえんがわ」篠原ともえバージョン缶は、２０１6年3月から発売開始され、一時は売り切れてしまうほどの人気商品となった。

自由な社風がイノベーションを生んだ

２０１６年６月、美里町工場で木村社長に会う機会があった。私は、前々から聞きたかったことを質問してみた。それは「木の屋の社風が、どうしてこんなに自由なのか？」ということだった。

それについては、震災前から驚くことが多かった。たとえば、経堂でイベントをする際、チラシのデザイン費用がかかる場合でも、現場の鈴木さんたちに決定権があり、提案すると、その場でＯＫが出るのだ。

２０１１年３月に予定していたサバ缶イベントは、それ以前のものに比べると規模が大きかったし、協賛してもらうサバ缶の数も多かった。その時のデザインや印刷にかかる費用については、木の屋の旧本社に電話をして、鈴木さんに口頭で伝えた。すると、「隣に副社長がいますので、ちょっと待ってくださいね」と言われ、10秒ほどで「副社長のＯＫ出ました！」と返事があった。あまりのカジュアルさに、拍子抜けした。

震災後の活動にしても同様だった。泥まみれの缶詰を掘って洗う活動にしても、あくまで現場主導。会社がなくなるかどうかという非常事態ではあったが、缶詰を洗って売る活動や、レトルトのカレーを作ること、「サーバー屋のサバ缶」をはじめとした様々なコラボ缶のことなど、あらゆる現場のアイデアが会社の上層部に否定されずに現実化するのには驚いた。それについて木村社長に聞くと、こう返ってきた。

「私は、社員のことを信じてますから。みんな、会社のこと、お客さんのこと、わかって動いてますし、一度はじめたらやり切るし、こちらから言うことは何もないんじゃないかなぁ」と笑う社長だったが、この言葉にすべてが集約されているような気がした。そんな木村イズムの自由な環境下で、工場復活後、「いさだスナック」以外にも新しい商品が生み出されてきた。

2016年の夏に販売開始された「いきなりサバ太郎!」(以下、サバ太郎)は、サバ節を使ったサバチップス。ピーナッツが混ざっていて、ビールにピッタリ、卵かけごはんやパスタにも合う。「いきなり」というのは、宮城の方言で「ものすごく」の意味で、いきなり美味しいは、ものすごく美味しいのこと。パッケージは、イラストレーターの福田透さん、デザイナーのいなだゆかりさんによるポップな明るいイメージに仕上がった。

この「サバ太郎」は、食通として知られる小山薫堂さんが、Fm yokohamaのラジオ番組「FUTURESCAPE」の収録中に試食して感動。そのご縁で、薫堂さんがナビゲーターをつとめるTOKYO FMの「ブリアサヴァランの食卓」に木村隆之副社長が出演して、「サバ太郎」だけでなく、鯨やサバの缶詰も試食してもらい高い評価を受けた。

さらに2018年1月には、「ガラムマサラ」のオーナーシェフ、ハサンさん監修の、ラム肉と大豆のスパイシーなカレー缶詰「木の屋のラムカレー」が発売された。

全国の生産地のいいものを積極的に取り入れる動きも活発化。和歌山県日高郡みなべ町の梅吉食品の南高梅入りサンマ缶や鯨大和煮缶、向井珍味堂の国産山椒使用の小女子佃煮缶など、魅力的な商品展開が続いている。

新工場は鯨と缶詰のテーマパーク！「これから」の経営戦略

2017年3月、木の屋石巻水産は、副社長・木村隆之氏の次男、木村優哉氏が社長に就任。新体制のスタートを切った。１９８４年、石巻に生まれた33歳。彼に、これからのビジネス展開について語ってもらった。以下はコメントのまとめである。

＊　＊　＊

木の屋石巻水産は、東日本大震災による津波で本社と工場が壊滅的な被害を受けたにもかかわらず、経堂をはじめとする全国のみなさんに応援して頂き、工場を再建して、事業を再開することができ、本当にありがたいです。

缶詰を製造する美里町工場の設計には、実は、下北沢の「木の屋カフェ」をヒントにしたアイデアを活かしています。あの頃、僕も実際に見て感動したのは、全国から弊社の製品を求めて遊びに来てくれる人がいたことです。ただ缶詰を買うだけではなく、いろんな人が集まって、「木の屋カフェ」で出会い、語り合い、連絡先を交換して、ＳＮＳでも交流が広がる。お客さまとリアルにつながり、ふれ合う場が大事だと感じたんです。

ですので、美里町工場は、子どもからお年寄りまでが楽しめる「鯨と缶詰のテーマパーク」として、観光や地域のみなさまに開かれた楽しい場所を目指します。見どころは、缶詰製造の現場を見ることができる見学通路です。お子さま向けには、タイムカプセルの缶詰バージョンの体験もして頂けます。売店では、各種缶詰や冷凍食品をリーズナブルに販売しています。日本三景の松島から車で約20分と便利ですので、気軽に立ち寄って頂ければと思います。

事業としては、社会貢献を企業理念として、以下の三本柱を中心に考えています。

一つめの柱は、缶詰と冷食を中心とした一般消費者向けの商品提供です。

木の屋石巻水産の缶詰と冷凍食品は、忙しい現代人に、簡単に栄養豊かな美味しい物を食べて頂ける物がよりどりみどりです。特に、石巻の漁港に揚がった新鮮な青魚、サバ、イワシ、サンマなどを詰めた缶詰には、血液をサラサラにする健康成分と言われるＥＰＡやＤＨＡなどがたっぷり含まれていまして、鯨の缶詰や冷凍食品には、疲労回復に効果があるとして知られるバレニンが含まれています。美味しい物を食べて健康な暮らしをして頂くことに貢献していきたいですね。

二つめの柱は、企業さまを中心とした加工原料の提供です。

弊社は、加工原料としては、三陸の春の風物詩でもある小女子やエビの風味のイサダを扱い、様々な用途に合わせた加工を行っています。縁の下の力持ちとして、美味しい原料をお届けすることで、企業さまの活動をバックアップしていければと考えております。

三つめの柱は、全国の飲食店さま向けの食材の提供です。

全国の飲食店さま向けに良心的な価格で良質な美味しい食材の提供を行ってまいります。理想は、やはり世田谷区経堂の事例ですね。弊社の缶詰は、鮮度のいい原料を使っていますので、プロの飲食店さま向けの食材としても最適。缶詰は、賞味期限が長く、ロスにならず使いやすいのも、飲食店さまで重宝されているポイントです。木の屋製品で繁盛する店作り、街作りのサポートを積極的に行っていきたいと考えております。

＊　＊　＊

話を聞いて思ったのは、やはり若さの魅力だった。現在33歳ということは、あたり前だが、10年後には43歳で、20年後には53歳。２０５０年になっても、まだまだ働き盛り。その若さもこれからの木の屋の魅力だ。

実は、希望をもらったのは東京にいる私たちだった

「いやー、まいりました！　１週間出張に出ていて、今日こそはゆっくり風呂に入ろうと家に帰ったら、風呂が湯船ごとスケートリンクみたいに凍りついていたんです」

電話口の鈴木さんの言葉に驚いたのは、２０１６年2月のこと。明るい性格の彼は、半分はギャグとして語っているのだが、このエピソードは、宮城の冬がとても寒いということに加えて、復興がまだまだ完全でないことを痛感させてくれた。会社が震災前の売り上げを回復したにもかかわらず、鈴木さんは、壁の薄い仮設住宅に住み続けていたのだ。

また、木の屋は売り上げを回復したが、宮城県の水産業全体の回復としては、２０１７年2月時点で76％の企業が震災前の売り上げに満たないという現状もある。震災の傷跡は、まだまだ深い。

脇目もふらず活動を続けてきた私たちも、この頃になると、少し落ち着いて、これまで

の活動を振り返ることができるようになっていた。経堂の飲食店のカウンターでは、こんな言葉が聞かれた。

「支援を続けて、木の屋さんに希望が見えてきたけど、実は、希望を与えられたのは、こっちだったかもしれないね」考えてみると、そうなのだ。まず、私たちは、木の屋の応援を通して大切なことを学んだ。東京の快適な暮らしが、実はあたり前のものではないことや、福島の原発の問題など、地方を犠牲にして東京の繁栄が成立してきたこともリアルに感じられるようになった。

そして何といっても、活動を通じて、飲食店をハブとする助け合いのチームワークが、高度に進化したことが大きい。２０１５年12月にチームが発足した「経堂こども文化食堂」は、シングルマザーの家庭を応援するプロジェクトだが、この取り組みは、まさに木の屋の支援活動の発展系である。

はじめは、全国に広がる「こども食堂」と同じく、子どもに食事を提供するだけの活動を行うつもりだったが「まだん陶房」が協力を申し出てくれた。そのため、たんに食べるだけではなく、食べるための器を作る陶芸体験が可能な「こども文化食堂」へとアイデアが膨らんだ。そこで「文化」をプラスしたわけだ。

食料は、木の屋がサバ水煮缶などを提供してくれることになった。続いて、「スカイアーチネットワークス社」が、サバ味噌煮が中身の「サーバー屋のサバ缶」を。さらに「日本百貨店」が様々な日本のいい物を送ってくれることになった。

経堂長屋の個人飲食店からも素敵な申し出があった。「ガラムマサラ」は、野菜たっぷりの子どもカレーを寸胴鍋いっぱい。「らかん茶屋」は、鶏の唐揚げを2キロ分揚げてくれることになった。どちらも無償提供である。

陶芸体験のあと、鰹節を削って味噌汁や出し巻き卵を作る「食の文化体験」を提案して、鰹節削り器と枕崎の本枯節をたくさん提供してくれたのは、愛情料理研究家の土岐山協子さん。宮城県出身の彼女は、以前から、奄美諸島・沖永良部島のスーパーで木の屋の缶詰を販売してくれている人でもある。

そして、第1回の陶芸体験費用は、飲み屋のカウンターつながり。「きはち」の常連で、世界的な人形作家、四谷シモンさんから頂いた寄付を充てることになった。

これらの寄付や協力は、3年目に入った2018年の今も変わらずに続いている。

活動を通じて、経堂の中だけではなく、外部の人たちとのつながりも豊かになった。

まずは、全国の地域とのつながり。石巻に津波が襲来した翌日に発生した長野県北部地震の被害を受けた新潟県十日町市との縁ができたのは、同年5月。

「同じ被災地として何か一緒にできることはないか？」と、十日町市役所の桑原善雄さんから電話を頂いたのが最初だった。桑原さんをつないでくれたのは、経堂に缶詰洗いのボランティアに来ていた、同市出身の関口真理子さんだった。

同年6月から、魚沼産コシヒカリと木の屋の缶詰とのコラボを活発に行うようになり、松友さんが十日町市に缶詰の販売に出かけたこともある。また、「東京カルチャーカルチャー」などでの食のイベントにも、木の屋の缶詰を「ごはんのおとも」として紹介、販売をしてくれた。さらに経堂の街の飲食店も、コシヒカリ、海藻のフノリをつなぎに使ったへぎそば、雪の下で糖度を高めた雪下ニンジンなど、十日町産を積極的に使い、たとえば、「らかん茶屋」では、夏場の宴会の〆は、へぎそばが定番となった。

また、同じ時期に、全国の地域の人たちが経堂の街に興味を持ち連絡をくれた。

高知県いの町の水田農園からは、「かおり生姜」を共同購入させてもらっている。高品質の新鮮な生姜が届くため、薬味として使うだけではなく、様々なメニューとなっている。「ガラムマサラ」は生姜のパコラ（インド風の天ぷら）、「らかん茶屋」はプリプリの海老が乗った生姜と野菜のかき揚げ、「きはち」は生姜のペーストを乗せて炭火で焼く焼きとんが人気。「後藤醸造」という経堂西通り商店街の小さな醸造場を併設したビアバーでは、「かおり生姜」を使ったクラフトビールの製造もはじまっている。また、同じ高知産では、香南市の眞嶋農園のフルーツトマト。こちらは、オーナーの眞嶋さんが、経堂にある東京農大在学中、「らかん茶屋」でアルバイトをしていた縁もあった。

長野県中野市のJA中野市のエノキ、ぶなしめじ、エリンギなどのキノコは、生姜と並ぶ健康食材として、経堂の幅広い飲食店で愛用され、「まことや」のキノコラーメン、「ガラムマサラ」の野菜カレーなどに使われている。

木の屋と経堂の街との盛り上がりを見て、木の屋のように、それぞれの分野で高い技術を誇る全国のモノ作り企業も集まって来た。

大阪市のきな粉と七味、山椒、青海苔などのメーカー「向井珍味堂」。スケソウダラ100%のチクワを作る創業100年を誇る青森市の老舗「丸石沼田商店」。福岡市博多のだしと明太子の「やまや」。石川県七尾市のカニカマが有名な「スギヨ」。その他、多くの企業と経堂の飲食店とのコラボレーションがはじまっていて、店の競争力を高めるメニュー開発と売り上げに貢献している。

それらのメリットは大きい。2014年4月に消費税が8％に上がり、全国の商店街の個人店が厳しい状況に置かれている中、私たちと活動を共にする飲食店は、メニューの原価率を下げ、顧客の満足度を損なわず、利益を確保できている。

それらすべてのきっかけが、木の屋だったのだ。

希望の缶詰には震災前から「それ」が詰まっていた

震災から7年の2018年に入っても、木の屋の快進撃は止まらない。2017年には、マツコ・デラックスの「マツコの知らない世界」（TBS系）でもその美味しさが絶賛され、全国から注文が殺到した。一連のメディア露出をきっかけに、東北と首都圏中心だった木の屋の知名度が、日本じゅうに広がっている。

震災復興のシンボルとなった缶詰の灯は、一時のブームで終わらず、ますます明るさを

この本の編集作業中の2018年１月。本書を企画・プロデュース・編集する石黒謙吾さんが偶然見かけた、栃木・上河内SAで大量に並べてプッシュされる木の屋のサバ缶。

増している。

2017年11月、日本経済新聞に掲載された記事はさらに追い風となるもので、「サバ缶の売り上げが前年度に比べて5割アップしている」という内容だった。缶詰博士の黒川勇人さんは、「低カロリー高タンパクであるだけでなく、EPAやDHAを多く含むサバ缶のマーケットは、健康志向の広がりの中、ますます伸びる余地があります」と語る。

私がある日、「きはち」のカウンターで、金華サバと野菜のピリ辛味噌和えをツマミに飲んでいると、7年の間にあった様々なシーンが走馬灯のように蘇ってきた。

震災前、缶詰博士・黒川さんに、木村副社長と営業の鈴木さんを紹介されたこと。

はじめて「金華さば味噌煮」缶を食べた時の感激。

3月6日にはじまった木の屋と経堂コラボのサバ缶アートイベント。

3月11日にテレビで見た津波の映像の衝撃。

震災から5日後に鈴木さんからもらった「生きている」の電話。

鈴木さんと松友さんとの再会と、2人が食べたサバ缶ラーメン。

支援物資を集めた時の経堂のみなさんのあたたかい気持ち。
石巻に向かい走り去っていく支援物資を積んだトラックの後ろ姿。
はじめて泥まみれの缶詰と出会った時の衝撃。
洗った缶詰から現れた文字「出会いに感謝します」。
集まって来てくれた缶詰を洗うボランティア。
洗った缶詰をどんどん買ってくれた近所のお店の心意気。
若い人たちが集まった「木の屋カフェ」。
サバ缶アートイベント最終日で木村社長が見せた男の涙。
美味しかった松友さんの金華サバ入りハンバーグ。
缶詰の洗う数と売れる数が増えて希望が見えてきた頃。
工場跡地や店で爆発した缶詰。
川開き祭りの花火。
デザイン依頼を快諾してくれた佐藤卓さん。
絵本『きぼうのかんづめ』と全国を巡った原画展。
再建された鯨の形の缶詰工場。

「サーバー屋のサバ缶」などIT業界の応援。

篠原ともえさんの「カレイのえんがわ」。

震災直後の新入社員、さちの社内結婚と出産。

売り上げ復活で「きはち」の恵理さんのガッツポーズ。


思い返すと、本当にいろんなことがあった。

そんな感傷に浸っていると、隣で四谷シモンさんが飲んでいたのでサバ缶のツマミをすすめるとひと口食べ、少しの間を置いて、力強くこう言った。

「美味しい」

あの頃、ボランティアに参加した常連さんも、ホロ酔い加減で語りはじめた。

「あの缶詰の中には本当に希望が詰まってると思っていて、ちょっと凹んだ物を、開けないまま今も本棚に飾っているんです」

その気持ちはよくわかる。というのも、私も同じように、「さばのゆ」の棚の片隅に当時の缶詰を開けずに置いているからだ。

ふと考えることがある。

「どうして私たちは、あんなに熱くなって、泥まみれの缶詰を掘って洗って、希望、希望と言い続けたのか？」

たんに美味しいからだけで、あんなに大勢の人が長期間、献身的に動くとは思えない。

希望の缶詰の希望とは、いったい何だったのだろうか？

その答えらしきものに思い至ったのは、やっと最近のことだ。

何度目かの製造ラインの見学に行った時だった。そこでは工場勤務の女性たちが、黙々と缶詰に切ったサバを詰めていた。そして、休憩時間になると、作業服とマスクを脱ぎ、カフェスペースで弁当を食べ、宮城の方言でよもやま話がはじまる。子どもの話をする人、うちの父ちゃんの話しをする人、どこそこのスーパーの服が安かったと話す人、体重が増えて困ったと笑う人……。

幸せな日常の光景だった。

そこで気づいたのは、この光景こそが希望そのものだということだった。

仕事があるから、お金がもらえるし、食べていけるし、楽しい話もできる。そして、全国の人たちも美味しい缶詰を食べることができる。

私たちは、希望というと、特別なものや輝かしいものをイメージしがちだ。しかし、一番の希望は、平凡だけど尊い日々の営みが続くことなのではないか。

私は、いつまでもいつまでも、食べ続けたいと思った。この工場で女性たちが日々、黙々と詰めてくれる、希望を。

おわりに――モンティ・パイソンのように

支援活動に本気になるスイッチが入ったのは、友人の肉親が津波で亡くなったのを知った時だった。本人や家族の無念さは想像もつかないが、何かをしなければという熱い気持ちが身体の奥底から湧いてきた。

2011年3月に73kgだった体重が、翌年80kg台、2年後には90kgを突破した。理由は、缶詰をメニューに取り入れてもらうため、たくさんの店に通い、とにかく食べ続けたからだった。今は、ジムに通う余裕もあり、体重が元に戻ったが、長い人生、時には、こうやって身体を張らないといけないこともあるのだろう。

この本を書き終えて、15年ほど前のことを思いだした。デヴィット・ボウイのアルバムデザインなどで知られるデザイナーのジョナサン・バーンブルックさんが、私の家に2週間ほど逗留した時、経堂の「八昌」や「からから亭」で飲みながら、英国のコメディチーム「モンティ・パイソン」の話題で盛り上がった。「モンティ・パイソンのようなコメディの世界では、女王陛下、政治家、財界人も、一般の民衆も、みんな同じ価値の人間で、人に上下はない。だから面白い」

その時、私が感じたのは、商店街にある個人経営の酒場もモンティ・パイソンだということだった。同じ値段の酒を飲む客同士は、肩書きや財産、年齢、容姿など関係なく、同じ価値の人間であり、平等。だからこそ、昼間の社会にはない発見や会話があり、しなやかで強いつながりが生まれる。

思えば、20代から、縁あって住みはじめた経堂の街で、いい酒場に巡り合い、多くの人と出会い、たくさんの経験をさせてもらった。そして今、50代になり、自分のイベント酒場に、かつての自分のような若い人が来るようになった。

自由で文化のある、賑やかなこの空気感を、未来につなげていきたい。

２０１８年1月22日　経堂「さばのゆ」にて

人情商店街の人々。左から。「灯串坊」上保絹枝さん、上保秀雄さん、「まだん陶房」李康則さん、筆者、「らかん茶屋」加藤輝男さん、「ガラムマサラ」ハサン・メハディさん、「きはち」八十島翔さん、八十島恵理さん、八十島秀樹さん。

日本列島は一つの長屋。困った人がいたら、助け合うのがあたり前。

須田泰成
すだ・やすなり

1968年、大阪生まれ。コメディライター&プロデューサー。
テレビ、ラジオ、WEBの番組やコンテンツの
脚本、構成、プロデュース多数。
著書には『モンティパイソン大全』(洋泉社)など。
また、代表をつとめる「スローコメディ広告社」は、
多様な人のネットワークを活かして、
企画、商品開発、コンサルティング、地域活性化、などを行う。
植草甚一のエッセイに感化され、20歳の時に世田谷区経堂へ。
2000年に、経堂の個人店と文化を活性化するプロジェクト
「経堂系ドットコム」を立ち上げる。
WEB「みんなの缶詰新聞」編集長として
缶詰の産業と文化の応援も。

STAFF

文	須田泰成
企画・プロデュース・編集	石黒謙吾
デザイン	杉山健太郎
カバー写真	栗栖誠紀
校正	皆川秀
DTP	藤田ひかる（ユニオンワークス）
制作	（有）ブルー・オレンジ・スタジアム

写真協力	佐藤孝仁（カラー口絵とP129の被災地撮影写真、帯とカバー裏の缶詰写真）

協力	株式会社 木の屋石巻水産
	黒川勇人

蘇るサバ缶
震災と希望と人情商店街

2018年3月8日（サバの日）　第1版第1刷
2018年3月20日　第1版第2刷

著　者　須田泰成
発行者　後藤高志
発行所　株式会社 廣済堂出版
〒101-0052
東京都千代田区神田小川町2-3-13 M&Cビル 7F
電話 03-6703-0964（編集） 03-6703-0962（販売）
Fax 03-6703-0963（販売）
振替 00180-0-164137
http://www.kosaido-pub.co.jp

印刷・製本　株式会社 廣済堂

ISBN 978-4-331-52150-2 C0095